◎本書の構成

基本問題…項目で最も基本的な問題で

例題…項目の代表的な問題を，解答とともに載せてあります。

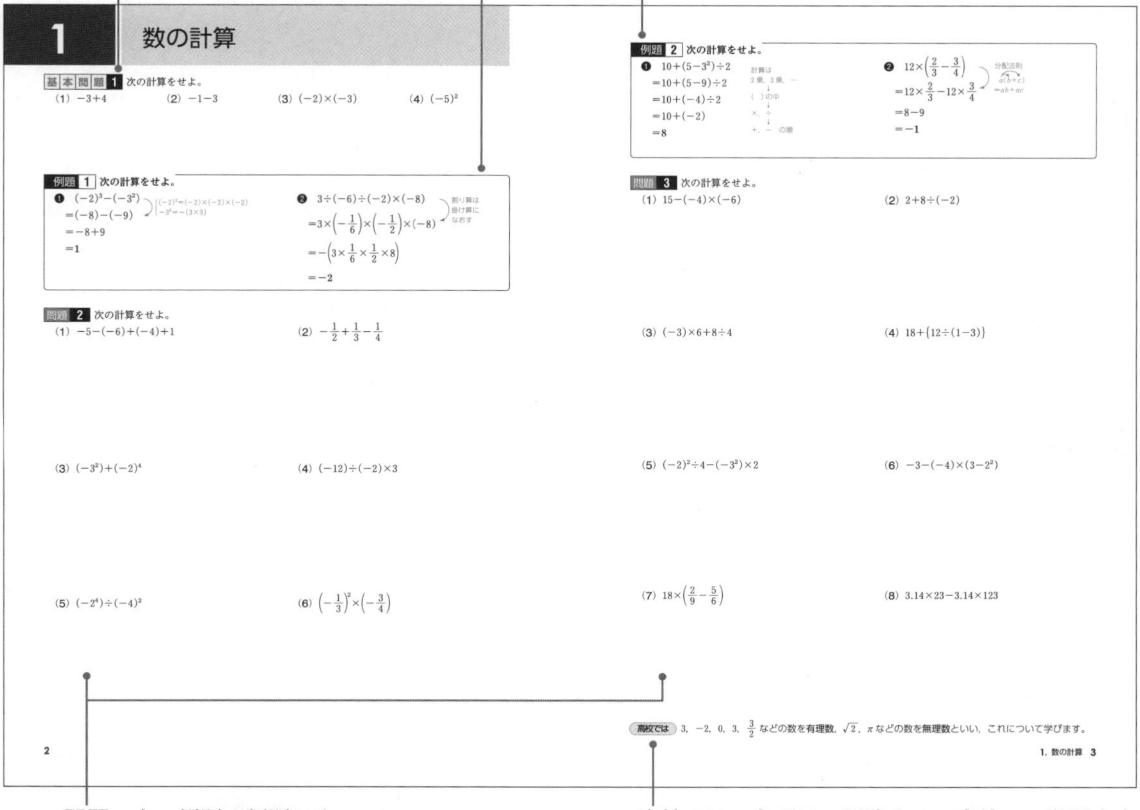

1 数の計算

基本問題 1 次の計算をせよ。

(1) $-3+4$　(2) $-1-3$　(3) $(-2)\times(-3)$　(4) $(-5)^2$

例題 1 次の計算をせよ。

❶ $(-2)^3-(-3^2)$
$=(-8)-(-9)$
$=-8+9$
$=1$

$\left\{\begin{array}{l}(-2)^3=(-2)\times(-2)\times(-2)\\ -3^2=-(3\times3)\end{array}\right.$

❷ $3\div(-6)\div(-2)\times(-8)$
$=3\times\left(-\frac{1}{6}\right)\times\left(-\frac{1}{2}\right)\times(-8)$
$=-\left(3\times\frac{1}{6}\times\frac{1}{2}\times8\right)$
$=-2$

割り算は掛け算になおす

問題 2 次の計算をせよ。

(1) $-5-(-6)+(-4)+1$　(2) $-\frac{1}{2}+\frac{1}{3}-\frac{1}{4}$

(3) $(-3^2)+(-2)^4$　(4) $(-12)\div(-2)\times3$

(5) $(-2^4)\div(-4)^2$　(6) $\left(-\frac{1}{3}\right)^2\times\left(-\frac{3}{4}\right)$

2

例題 2 次の計算をせよ。

❶ $10+(5-3^2)\div2$
$=10+(5-9)\div2$
$=10+(-4)\div2$
$=10+(-2)$
$=8$

計算は
2乗，3乗，…
↓
(　)の中
↓
×，÷
↓
＋，－　の順

❷ $12\times\left(\frac{2}{3}-\frac{3}{4}\right)$
$=12\times\frac{2}{3}-12\times\frac{3}{4}$
$=8-9$
$=-1$

分配法則
$a(b+c)=ab+ac$

問題 3 次の計算をせよ。

(1) $15-(-4)\times(-6)$　(2) $2+8\div(-2)$

(3) $(-3)\times6+8\div4$　(4) $18+\{12\div(1-3)\}$

(5) $(-2)^2\div4-(-3^2)\times2$　(6) $-3-(-4)\times(3-2^2)$

(7) $18\times\left(\frac{2}{9}-\frac{5}{6}\right)$　(8) $3.14\times23-3.14\times123$

高校では　3，-2，0，3，$\frac{3}{2}$ などの数を有理数，$\sqrt{2}$，π などの数を無理数といい，これについて学びます。

1. 数の計算　3

問題…上の例題の類題です。
解答を直接書き込みましょう。

高校では…各項目に関連する，高校での学習内容をまとめてあります。

・ファイナルラウンド…32 ページ以降にあるまとめの問題です。これを解いて最終確認をしましょう。

もくじ

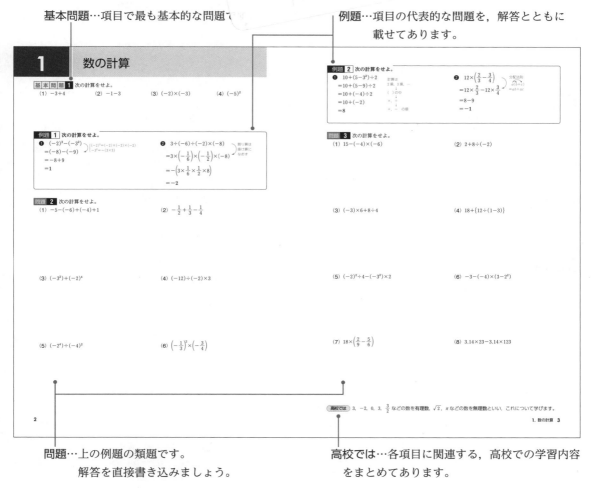

1 数の計算

基本問題 1 次の計算をせよ。

(1) $-3+4$ (2) $-1-3$ (3) $(-2)\times(-3)$ (4) $(-5)^2$

例題 1 次の計算をせよ。

❶ $(-2)^3-(-3^2)$

$=(-8)-(-9)$ 　← $\begin{cases}(-2)^3=(-2)\times(-2)\times(-2)\\ -3^2=-(3\times3)\end{cases}$

$=-8+9$

$=\mathbf{1}$

❷ $3\div(-6)\div(-2)\times(-8)$

$=3\times\left(-\frac{1}{6}\right)\times\left(-\frac{1}{2}\right)\times(-8)$ 　← 割り算は掛け算になおす

$=-\left(3\times\frac{1}{6}\times\frac{1}{2}\times8\right)$

$=\mathbf{-2}$

問題 2 次の計算をせよ。

(1) $-5-(-6)+(-4)+1$

(2) $-\frac{1}{2}+\frac{1}{3}-\frac{1}{4}$

(3) $(-3^2)+(-2)^4$

(4) $(-12)\div(-2)\times3$

(5) $(-2^4)\div(-4)^2$

(6) $\left(-\frac{1}{3}\right)^2\times\left(-\frac{3}{4}\right)$

例題 2 次の計算をせよ。

❶ $10+(5-3^2)\div 2$

$=10+(5-9)\div 2$

$=10+(-4)\div 2$

$=10+(-2)$

$=8$

計算は
2乗，3乗，…
↓
（　）の中
↓
×，÷
↓
＋，－　の順

❷ $12\times\left(\dfrac{2}{3}-\dfrac{3}{4}\right)$

$=12\times\dfrac{2}{3}-12\times\dfrac{3}{4}$

$=8-9$

$=\mathbf{-1}$

分配法則
$a(b+c)$
$=ab+ac$

問題 3 次の計算をせよ。

(1) $15-(-4)\times(-6)$

(2) $2+8\div(-2)$

(3) $(-3)\times 6+8\div 4$

(4) $18+\{12\div(1-3)\}$

(5) $(-2)^2\div 4-(-3^2)\times 2$

(6) $-3-(-4)\times(3-2^2)$

(7) $18\times\left(\dfrac{2}{9}-\dfrac{5}{6}\right)$

(8) $3.14\times 23-3.14\times 123$

高校では　3，-2，0，3，$\dfrac{3}{2}$ などの数を**有理数**，$\sqrt{2}$，π などの数を**無理数**といい，これについて学びます。

2 式の計算①

基本問題 4 次の計算をせよ。

(1) $2a\times5a$

(2) $(-2a)^2$

例題 3 次の計算をせよ。

❶ $(-7xy)\times(-2x^2)$

$=(-7\times x\times y)\times(-2\times x\times x)$

$=(-7)\times(-2)\times\underbrace{x\times x\times x}_{x^3}\times y$

$\boldsymbol{=14x^3y}$

❷ $4a^3\div2a^2$

$=\dfrac{4a^3}{2a^2}$

$=\dfrac{\overset{2}{\cancel{4}}\times\cancel{a}\times\cancel{a}\times a}{\cancel{2}\times\cancel{a}\times\cancel{a}}$

$\boldsymbol{=2a}$

問題 5 次の計算をせよ。

(1) $2a\times3b$

(2) $4x\times3x^2$

(3) $(3x)^2$

(4) $(-a^2)^3$

(5) $3a^2\times2a^3$

(6) $(-3xy^2)\times(-2x^2)$

(7) $12x^3\div4x$

(8) $8a^2b\div(-4ab)$

(9) $3x^2\div6x^2$

(10) $ab\div\dfrac{1}{2}a$

例題 4 次の計算をせよ。

❶ $6a^2b\div(-3a)^2\times3b$

$=6a^2b\div9a^2\times3b$ （$(-3a)\times(-3a)=(-3)\times(-3)\times a\times a$）

$=\dfrac{6a^2b\times3b}{9a^2}$ （分母に）

$=\dfrac{\overset{2}{\cancel{6}}\times3\times\cancel{a}\times\cancel{a}\times b\times b}{\cancel{9}\times\cancel{a}\times\cancel{a}}=\boldsymbol{2b^2}$

❷ $(6x^2-4x)\div2x$

$=\dfrac{6x^2}{2x}-\dfrac{4x}{2x}$ （分母に）

$=\dfrac{\overset{3}{\cancel{6}}\times\cancel{x}\times x}{\cancel{2}\times\cancel{x}}-\dfrac{\overset{2}{\cancel{4}}\times\cancel{x}}{\cancel{2}\times\cancel{x}}$

$=\boldsymbol{3x-2}$

問題 6 次の計算をせよ。

(1) $3x\times(-xy)\times x$

(2) $3a^2\div2a\times4a$

(3) $12a^2b\div2a\div(-3b)$

(4) $4x^2\div(2x)^3\times6x$

(5) $x(2x+3y)$

(6) $\dfrac{1}{2}ab(4a^2-6ab+2b^2)$

(7) $(6x^2-2x)\div2x$

(8) $(6x^2+3x)\div\dfrac{3}{4}x$

高校では $x^5\times x^3=x^{5+3}$，$(x^3)^4=x^{3\times4}$ などの計算を学びます。

3 式の計算②

基本問題 7 次の計算をせよ。

(1) $3x+2x$

(2) $3x^2+x-2x^2+4x$

例題 5 $\boldsymbol{A=6a-2b}$，$\boldsymbol{B=4a+5b}$ とするとき，次の計算をせよ。

❶ $A+B$

$=(6a-2b)+(4a+5b)$

$=6a-2b+4a+5b$ （$+(●+▲)=+●+▲$）

$=\boldsymbol{10a+3b}$

❷ $A-B$

$=(6a-2b)-(4a+5b)$

$=6a-2b-4a-5b$ （$-(●+▲)=-●-▲$）

$=\boldsymbol{2a-7b}$

問題 8 次の(1)～(4)の計算をせよ。また，(5)の問いに答えよ。

(1) $(2x+5y)+(3x-6y)$

(2) $(7a+2b-4)+(1-3b-5a)$

(3) $(3x^2-x)-(x^2+2x)$

(4) $(-2x^2+4x-5)-(4x+x^2-3)$

(5) $A=2x+3y$，$B=x+5y$ とするとき，次の計算をせよ。

① $A+B$

② $A-B$

③ $(A+B)-(A-B)$

④ $(2A-3B)-(A-2B)$

例題 6 次の計算をせよ。

❶ $2(\underset{\text{①}}{3x}\underset{\text{②}}{+1})-3(\underset{\text{③}}{x}\underset{\text{④}}{-2})$

$=\underset{\text{①}}{6x}\underset{\text{②}}{+2}\underset{\text{③}}{-3x}\underset{\text{④}}{+6}$

$=6x-3x+2+6$

$=\mathbf{3x+8}$

❷ $\dfrac{x-y}{2}-\dfrac{2x+y}{3}$

$=\dfrac{3(x-y)}{6}-\dfrac{2(2x+y)}{6}$

$=\dfrac{3x-3y-4x-2y}{6}$

$=\mathbf{\dfrac{-x-5y}{6}}$

通分する
2と3の最小公倍数は6

$\dfrac{3(x-y)-2(2x+y)}{6}$

問題 9 次の計算をせよ。

(1) $3(2x-y)+2(x+2y)$

(2) $3(x^2+x-3)-2(2x^2+x+1)$

(3) $6(x^2-2x+3)-4(2x^2-3x+2)$

(4) $\dfrac{3}{4}(8a-12b)-\dfrac{2}{5}(10a-15b)$

(5) $2x-\dfrac{x-2y}{3}$

(6) $\dfrac{x+5y}{3}+\dfrac{x-2y}{2}$

高校では $\dfrac{1}{x}$ や $\dfrac{1}{2x-1}$ を**分数式**といい，分数式の計算を学びます。

4 式の展開

基本問題 10 次の式を展開せよ。

(1) $(x+1)(y+3)$

(2) $(x+2y)(3x-y)$

例題 7 **次の式を展開せよ。**

❶ $(2x+3)^2$

$=(2x)^2+2\times 2x\times 3+3^2$ ← $(a\pm b)^2=a^2\pm 2ab+b^2$

$=\mathbf{4x^2+12x+9}$

❷ $(3x+4)(3x-4)$

$=(3x)^2-4^2$ ← $(a+b)(a-b)=a^2-b^2$

$=\mathbf{9x^2-16}$

問題 11 次の式を展開せよ。

(1) $(x+4)^2$

(2) $(x-5)^2$

(3) $(x+3y)^2$

(4) $(5x-2y)^2$

(5) $(x+3)(x-3)$

(6) $(5x+2)(5x-2)$

(7) $(x+2y)(x-2y)$

(8) $\left(x-\frac{1}{3}\right)\left(x+\frac{1}{3}\right)$

例題 8 **次の式を展開せよ。**

❶ $(x+3)(x+4)$

$=x^2+(3+4)x+3\times4$ ← $(x+a)(x+b)=x^2+(a+b)x+ab$

$=\boldsymbol{x^2+7x+12}$

❷ $(x+1)^2-(x-1)^2$

$=(x^2+2x+1)-(x^2-2x+1)$ ← $(a\pm b)^2=a^2\pm2ab+b^2$

$=x^2+2x+1-x^2+2x-1$

$=\boldsymbol{4x}$

問題 12 次の式を展開せよ。

(1) $(x+1)(x+5)$

(2) $(a-2)(a-7)$

(3) $(x+2)(x-5)$

(4) $(a-4)(a+5)$

(5) $(x+2y)(x+5y)$

(6) $(a-2b)(a+b)$

(7) $(2a+1)^2-(2a-1)^2$

(8) $(x+1)(x+9)-(x-3)^2$

高校では $(x+1)^3$ のような，3 乗の式の展開を学びます。

5 因数分解

基本問題 13 次の式を因数分解せよ。

(1) $ax+bx$

(2) $4x^2-6x$

例題 9 次の式を因数分解せよ。

❶ $9x^2+12x+4$

$=(3x)^2+2\times 3x\times 2+2^2$ 　$a^2\pm 2ab+b^2=(a\pm b)^2$

$=\mathbf{(3x+2)^2}$

❷ $4x^2-25$

$=(2x)^2-5^2$ 　$a^2-b^2=(a+b)(a-b)$

$=\mathbf{(2x+5)(2x-5)}$

問題 14 次の式を因数分解せよ。

(1) x^2+6x+9

(2) x^2-2x+1

(3) $4x^2-12x+9$

(4) $25x^2-10xy+y^2$

(5) x^2-4

(6) $36x^2-1$

(7) $49x^2-25y^2$

(8) $100x^2-\frac{1}{25}$

例題 10 次の式を因数分解せよ。

❶ $x^2+8x+12$

$=x^2+(2+6)x+2\times 6$

$=\boldsymbol{(x+2)(x+6)}$

$x^2+(a+b)x+ab$
$=(x+a)(x+b)$

❷ $3x^2-9x-30$

$=3(x^2-3x-10)$

$=\boldsymbol{3(x+2)(x-5)}$

共通因数でくくる

$-3=2+(-5)$
$-10=2\times(-5)$

問題 15 次の式を因数分解せよ。

(1) x^2+5x+6

(2) $x^2-10x+16$

(3) x^2+2x-3

(4) $a^2-3a-10$

(5) $a^2-ab-12b^2$

(6) $6x^2+18x+12$

(7) $2x^2-18$

(8) xy^2-4x

高校では a^3-b^3 や a^4-b^4 のような式の因数分解も学びます。

6 平方根の計算

基本問題 16 次の □ にあてはまる数を求めよ。

(1) 25 の平方根は □ である。

(2) 3 の平方根は □ である。

(3) $\sqrt{16}$ を根号を含まない形で表すと □ である。

例題 11 次の計算をせよ。

❶ $\sqrt{27}\times\sqrt{3}$

$=\sqrt{27\times3}$

$=\sqrt{81}$

$=\mathbf{9}$

（$\sqrt{81}=\sqrt{9^2}$）

［(別解)
$\sqrt{27}\times\sqrt{3}$
$=3\sqrt{3}\times\sqrt{3}$
$=3\times3=9$］

❷ $\sqrt{8}+\sqrt{2}$

$=2\sqrt{2}+\sqrt{2}$

（$\sqrt{8}=\sqrt{4}\times\sqrt{2}=2\sqrt{2}$）

$=(2+1)\sqrt{2}$

$=\mathbf{3\sqrt{2}}$

問題 17 次の計算をせよ。

(1) $\sqrt{40}\times\sqrt{10}$

(2) $\sqrt{6}\times\sqrt{12}$

(3) $\sqrt{3}\div\sqrt{27}$

(4) $\sqrt{24}\div\sqrt{8}\times(-\sqrt{3})$

(5) $\sqrt{12}-\sqrt{3}$

(6) $\sqrt{18}+\sqrt{8}$

(7) $\sqrt{75}-\sqrt{50}-\sqrt{3}-\sqrt{2}$

(8) $\sqrt{32}+\sqrt{3}\times\sqrt{6}$

例題 12 次の問いに答えよ。

❶ $\dfrac{2\sqrt{3}}{\sqrt{2}}$ を，分母に根号を含まない形で表せ。

$\dfrac{2\sqrt{3}}{\sqrt{2}}=\dfrac{2\sqrt{3}\times\sqrt{2}}{\sqrt{2}\times\sqrt{2}}$ ← 分母・分子に $\sqrt{2}$ を掛ける

$=\dfrac{2\sqrt{6}}{2}$

$=\sqrt{6}$

❷ 次の計算をせよ。

$(\sqrt{2}+\sqrt{7})^2$ ← $(a+b)^2=a^2+2ab+b^2$

$=(\sqrt{2})^2+2\times\sqrt{2}\times\sqrt{7}+(\sqrt{7})^2$

$=2+2\sqrt{14}+7$

$=9+2\sqrt{14}$

問題 18 次の数を，分母に根号を含まない形で表せ。

(1) $\dfrac{6}{\sqrt{3}}$

(2) $\dfrac{2\sqrt{5}}{\sqrt{10}}$

問題 19 次の計算をせよ。

(1) $\sqrt{2}(\sqrt{18}-\sqrt{6})$

(2) $(\sqrt{5}+\sqrt{3})(\sqrt{5}-\sqrt{3})$

(3) $(\sqrt{5}-\sqrt{3})^2$

(4) $(\sqrt{3}+3)(\sqrt{3}-1)$

(5) $(\sqrt{6}+1)^2-\sqrt{24}$

(6) $(\sqrt{2}-\sqrt{3})^2+(\sqrt{2}+\sqrt{3})^2$

高校では $\dfrac{1}{\sqrt{2}-1}$ や $\dfrac{\sqrt{3}-\sqrt{2}}{\sqrt{3}+\sqrt{2}}$ などの計算についても学びます。

7　1 次方程式

基本問題 20 次の 1 次方程式を解け。

(1) $2x=6$

(2) $2x-4=-8$

例題 13 次の 1 次方程式を解け。

❶ $3x-2=5x+6$
$3x-5x=6+2$
$-2x=8$
$\boldsymbol{x=-4}$

（x の項を左辺に，定数項を右辺にそれぞれ移項する(符号がかわる)）
（両辺を -2 で割る）

❷ $\frac{2}{3}x=6$

両辺に 3 を掛けて

$3\times\frac{2}{3}x=3\times6$
$2x=18$
$\boldsymbol{x=9}$

（両辺を 2 で割る）

問題 21 次の 1 次方程式を解け。

(1) $2x-3=5x+6$

(2) $-2x+4=x-2$

(3) $3x-2=8x+8$

(4) $-5x+3=-3x-5$

(5) $2x-7-8x=3-x$

(6) $1-7x-9=-5x+8+2x$

(7) $\frac{3}{2}x=9$

(8) $\frac{2}{5}x=8$

例題 14 次の 1 次方程式を解け。

❶

$$3(x+2)=x-2$$

まず，かっこをはずす

$$3x+6=x-2$$

次に，移項する

$$3x-x=-2-6$$

$$2x=-8$$

両辺を 2 で割る

$$\boldsymbol{x=-4}$$

❷

$$\frac{1}{2}x+2=\frac{2}{3}$$

両辺に 6 を掛ける
(2 と 3 の最小公倍数)

$$6\left(\frac{1}{2}x+2\right)=6\times\frac{2}{3}$$

かっこをはずす

$$3x+12=4$$

移項する

$$3x=4-12$$

$$3x=-8$$

両辺を 3 で割る

$$\boldsymbol{x=-\frac{8}{3}}$$

問題 22 次の 1 次方程式を解け。

(1) $5x-2=2(x+2)$

(2) $x+3(x+2)=2(x-2)$

(3) $0.1x+1.2=-0.3x+2$

(4) $\dfrac{x+2}{2}=\dfrac{5}{4}$

(5) $\dfrac{1}{2}(x+3)=\dfrac{1}{4}x+1$

(6) $\dfrac{2}{3}x-\dfrac{1}{2}=\dfrac{1}{6}x+2$

高校では $x^3+3x^2+3x+1=0$ のような **3 次方程式**についても学びます。

8 連立方程式

基本問題 23 次の連立方程式を解け。

$$\begin{cases} x+y=5 \\ y=2x-1 \end{cases}$$

答 ＿＿＿＿＿＿

例題 15 **次の連立方程式を解け。**

$$\begin{cases} x+y=5 & \cdots① \\ x-y=3 & \cdots② \end{cases}$$

x と y の符号と係数に注目する

解 ①と②を足して，y を消去する。

①＋②

$$\begin{array}{rrl} & x+y & =5 \\ +) & x-y & =3 \\ \hline & 2x & =8 \\ & x & =4 \quad \cdots③ \end{array}$$

左辺＋左辺＝右辺＋右辺

③を①に代入して

$4+y=5$

$y=5-4$

$y=1$

答 $\boldsymbol{x=4,\ y=1}$

問題 24 次の連立方程式を解け。

(1) $\begin{cases} x+y=8 \\ x-y=2 \end{cases}$

答 ＿＿＿＿＿＿

(2) $\begin{cases} x+y=3 \\ 2x+y=9 \end{cases}$

答 ＿＿＿＿＿＿

(3) $\begin{cases} 2x-y=-3 \\ x-y=1 \end{cases}$

答 ＿＿＿＿＿＿

(4) $\begin{cases} x-3y=-11 \\ x+y=-3 \end{cases}$

答 ＿＿＿＿＿＿

例題 16 次の連立方程式を解け。

❶ $\begin{cases} x+2y=4 & \cdots① \\ 2x+y=5 & \cdots② \end{cases}$

解

$$\begin{array}{rrrr} & ① & x+2y= & 4 \\ -) & ②\times2 & 4x+2y= & 10 \\ \hline & & -3x \quad = & -6 \\ & & x \quad = & 2 \end{array}$$

y の係数をそろえるため ②の両辺を 2 倍する

$x=2$ を②に代入して

$2\times2+y=5$

$4+y=5$

$y=5-4=1$

答 $x=2$，$y=1$

❷ $\begin{cases} 3x+2y=5 & \cdots① \\ 4x+3y=8 & \cdots② \end{cases}$

解

$$\begin{array}{rrrr} & ①\times3 & 9x+6y= & 15 \\ -) & ②\times2 & 8x+6y= & 16 \\ \hline & & x \quad = & -1 \end{array}$$

y の係数をそろえるため ①を 3 倍，②を 2 倍する

$x=-1$ を①に代入して

$3\times(-1)+2y=5$

$-3+2y=5$

$2y=5+3$

$2y=8$　　$y=4$

答 $x=-1$，$y=4$

問題 25 次の連立方程式を解け。

(1) $\begin{cases} x-2y=8 \\ 3x+y=3 \end{cases}$

答

(2) $\begin{cases} x+3y=5 \\ 2x+y=5 \end{cases}$

答

(3) $\begin{cases} 5x-3y=1 \\ 3x-2y=-1 \end{cases}$

答

(4) $\begin{cases} 5x+6y=1 \\ -3x-4y=1 \end{cases}$

答

高校では $\begin{cases} x^2+y^2=5 \\ y=2x+1 \end{cases}$ のような連立方程式についても学びます。

9　2次方程式

基本問題 26　次の2次方程式を解け。

(1) $x^2=5$

(2) $x(x+3)=0$

例題 17　**次の2次方程式を解け。**

❶ $x^2-5x+6=0$

解　$(x-3)(x-2)=0$

$x^2+(a+b)x+ab=(x+a)(x+b)$

$x-3=0,\ x-2=0$

よって　$\boldsymbol{x=3,\ x=2}$

❷ $3x^2-6x+1=0$

解　解の公式より

$$x=\frac{-(-6)\pm\sqrt{(-6)^2-4\times3\times1}}{2\times3}$$

$$=\frac{6\pm\sqrt{36-12}}{6}=\frac{6\pm\sqrt{24}}{6}$$

$$=\frac{6\pm2\sqrt{6}}{6}=\boldsymbol{\frac{3\pm\sqrt{6}}{3}}$$

分母，分子を2で割る

問題 27　次の2次方程式を解け。

(1) $3x^2-5x=0$

(2) $x^2-5x+4=0$

(3) $x^2-2x-15=0$

(4) $x^2-16=0$

(5) $9x^2-6x+1=0$

(6) $x^2+7x+5=0$

(7) $2x^2-5x-1=0$

(8) $x^2+4x-2=0$

例題 18 次の問いに答えよ。

❶ 2次方程式 $\frac{1}{4}x^2+\frac{1}{2}x-\frac{3}{4}=0$ を解け。

解 2次方程式の両辺に4を掛けて

$$4\left(\frac{1}{4}x^2+\frac{1}{2}x-\frac{3}{4}\right)=4\times 0$$

$$x^2+2x-3=0$$

$$(x+3)(x-1)=0$$

$$x+3=0,\ x-1=0$$

よって　$\boldsymbol{x=-3,\ x=1}$ 答

❷ 2次方程式 $x^2+3x+a=0$ の解の1つが1であるとき，a の値と他の解を求めよ。

解 $x=1$ を代入して

$$1^2+3\times 1+a=0$$

$$1+3+a=0$$

$$\boldsymbol{a=-4}$$ 答

$a=-4$ より，2次方程式は

$$x^2+3x-4=0$$

$$(x+4)(x-1)=0$$

$$x=-4,\ x=1$$

よって，他の解は　$\boldsymbol{x=-4}$ 答

問題 28 次の2次方程式を解け。

(1) $\frac{1}{3}x^2-\frac{5}{3}x-2=0$

(2) $\frac{1}{6}x^2-\frac{1}{2}x+\frac{1}{3}=0$

(3) $\frac{1}{2}x^2-2=0$

(4) $\frac{2}{3}x^2-x=0$

問題 29 2次方程式 $x^2+ax-5=0$ の解の1つが -1 であるとき，a の値と他の解を求めよ。

高校では 3次方程式や4次方程式などの解法についても学びます。

10 1次関数

基本問題 30 1次関数 $y=2x+3$ について，次の問いに答えよ。

(1) x の値に対する関数の値 y を対応表にまとめよ。

x	-3	-2	-1	0	1	2	3
y							

(2) この関数のグラフの傾きと切片を求めよ。

(3) この関数のグラフをかけ。

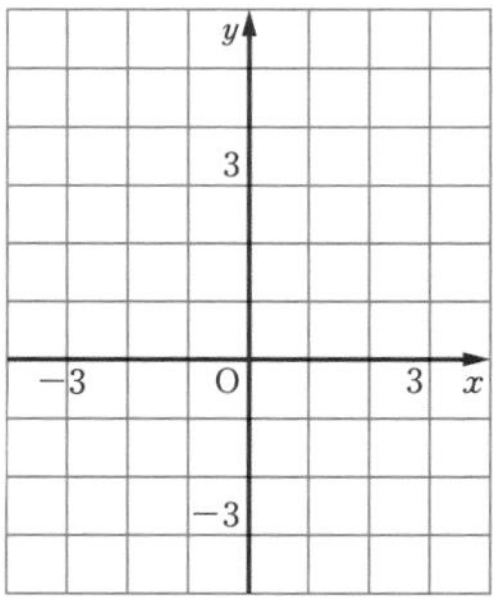

例題 19 **1次関数 $y=x+2$ について，次の問いに答えよ。**

❶ この関数のグラフの傾きと切片を求め，グラフをかけ。

解 **傾き1，切片2**

1次関数 $y=ax+b$ の傾きは a，切片は b である

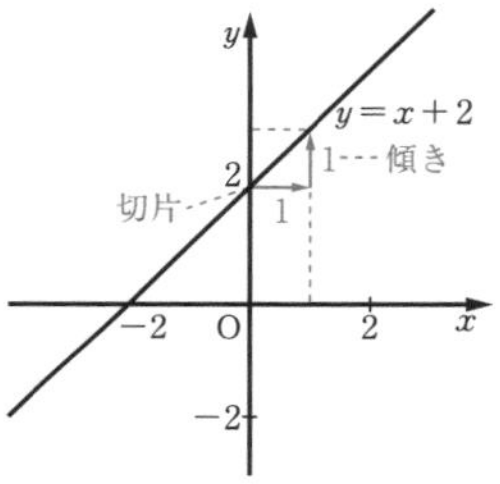

❷ この関数のグラフと x 軸との交点の座標を求めよ。

解 $y=x+2$ に $\underset{x軸}{\underline{y=0}}$ を代入して

$0=x+2$

$x=-2$　　　答 **$(-2,\ 0)$**

❸ この関数のグラフと y 軸との交点の座標を求めよ。

解 $y=x+2$ に $\underset{y軸}{\underline{x=0}}$ を代入して

$y=0+2$

$y=2$　　　答 **$(0,\ 2)$**

問題 31 次の1次関数のグラフをかき，x 軸，y 軸との交点の座標を求めよ。

(1) $y=2x-3$

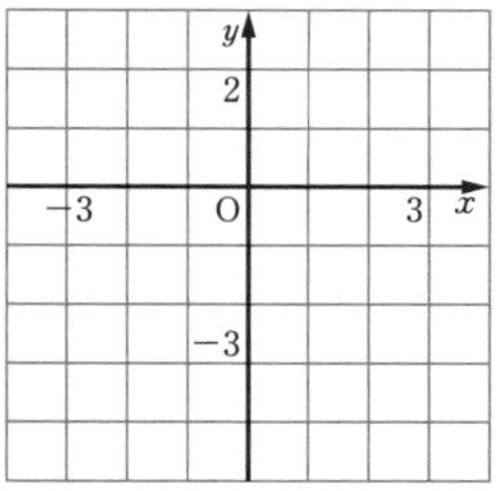

(2) $y=-x+2$

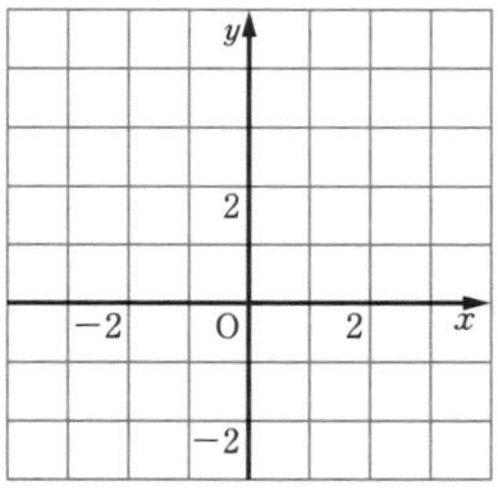

例題 20 **次の条件を満たす直線の式を求めよ。**

❶ 傾きが 2 で，点(1，4)を通る直線

解 傾き 2 より，求める直線の式を $y=2x+b$ とおく。 ←傾き a の直線の式は $y=ax+b$ と表せる

これが点(1，4)を通るから，$x=1$，$y=4$ を式へ代入して

$4=2\times1+b$

$b=2$

よって，求める直線の式は　$\boldsymbol{y=2x+2}$ 答

❷ 2 点(1，1)，(3，5)を通る直線

解 求める直線の式を $y=ax+b$ とおく。

これが点(1，1)を通るから，

$x=1$，$y=1$ を式へ代入して

$1=a+b$　…①

また，点(3，5)を通るから，

$x=3$，$y=5$ を式へ代入して

$5=3a+b$　…②

②−①より　$2a=4$

$a=2$

$$\begin{array}{rl} & 5=3a+b \\ -) & 1=\ \ a+b \\ \hline & 4=2a \end{array}$$

$a=2$ を①へ代入して

$2+b=1$

$b=-1$

よって，求める直線の式は　$\boldsymbol{y=2x-1}$ 答

問題 32 次の条件を満たす直線の式を求めよ。

(1) 傾きが −1 で，点(2，−5)を通る直線

(2) 2 点(1，−5)，(3，−1)を通る直線

高校では 傾き m で，点$(x_1,\ y_1)$を通る直線の式が $\boldsymbol{y-y_1=m(x-x_1)}$ で表されることを学びます。

11 関数 $y=ax^2$

基本問題 33 関数 $y=x^2$ について，次の問いに答えよ。

(1) x の値に対する関数の値 y を対応表にまとめよ。

x	-3	-2	-1	0	1	2	3
y							

(2) この関数のグラフを右の図にかけ。

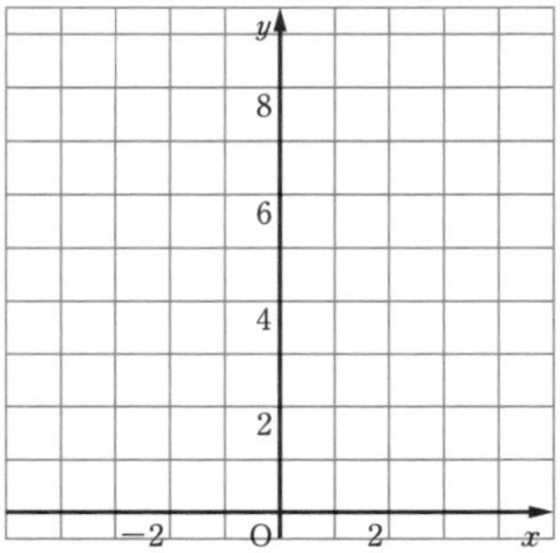

例題 21 **関数 $y=-x^2$ について，次の問いに答えよ。**

❶ x の値に対する関数の値 y を対応表にまとめよ。

x	-3	-2	-1	$-\frac{1}{2}$	0	$\frac{1}{2}$	1	2	3
y	$\boldsymbol{-9}$	$\boldsymbol{-4}$	$\boldsymbol{-1}$	$\boldsymbol{-\frac{1}{4}}$	$\boldsymbol{0}$	$\boldsymbol{-\frac{1}{4}}$	$\boldsymbol{-1}$	$\boldsymbol{-4}$	$\boldsymbol{-9}$

❷ $y=-16$ のときの x の値を求めよ。

解 $-16=-x^2$ ← $y=-16$ を代入

$x^2=16$

$x=\pm\sqrt{16}$

$\boldsymbol{x=\pm 4}$

❸ この関数のグラフをかけ。

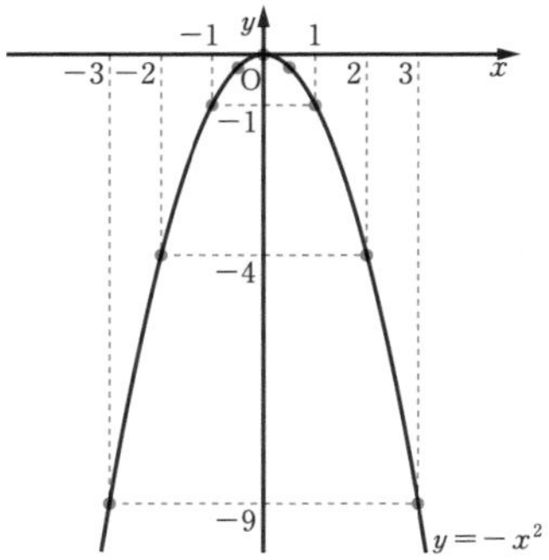

問題 34 次の問いに答えよ。

(1) 関数 $y=2x^2$ について，次の問いに答えよ。

① x の値に対する関数の値 y を対応表にまとめよ。

x	-3	-2	-1	$-\frac{1}{2}$	0	$\frac{1}{2}$	1	2	3
y									

② $y=50$ のときの x の値を求めよ。

③ この関数のグラフをかけ。

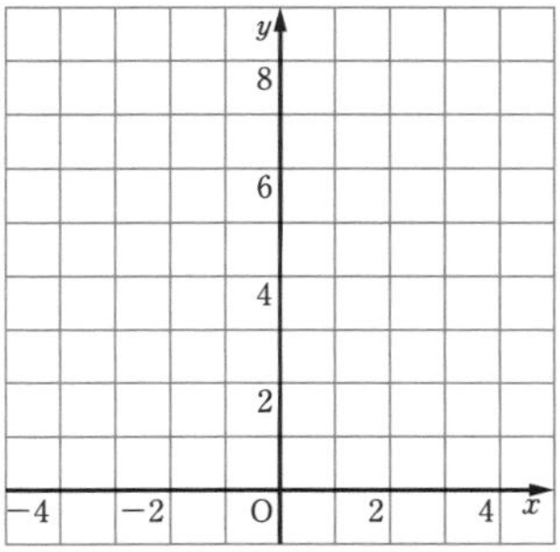

(2) 関数 $y=\frac{1}{2}x^2$ について，次の問いに答えよ。

① x の値に対する関数の値 y を対応表にまとめよ。

x	-3	-2	-1	$-\frac{1}{2}$	0	$\frac{1}{2}$	1	2	3
y									

② $y=8$ のときの x の値を求めよ。

③ この関数のグラフをかけ。

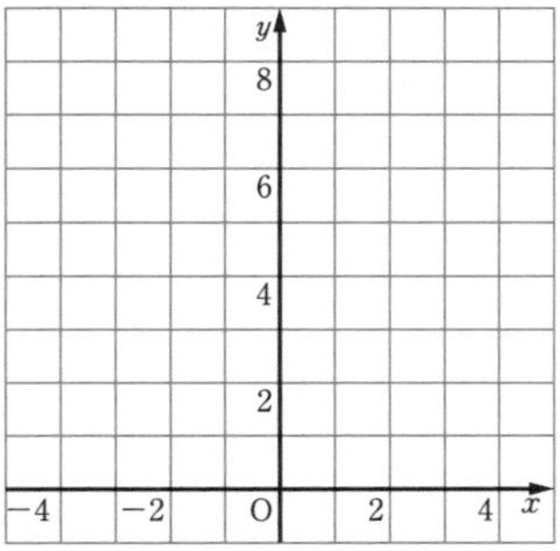

例題 22 次の問いに答えよ。

❶ $x=2$ のとき $y=8$ であるような関数 $y=ax^2$ を求めよ。

解 $y=ax^2$ に $x=2$，$y=8$ を代入する。

$8=a\times 2^2$

$8=4a$

$a=2$

$a=2$ を $y=ax^2$ に代入して

$\boldsymbol{y=2x^2}$

❷ 関数 $y=x^2$ のグラフをかき，x の値が -1 から 2 まで変化するときの y の値の範囲を求めよ。

解

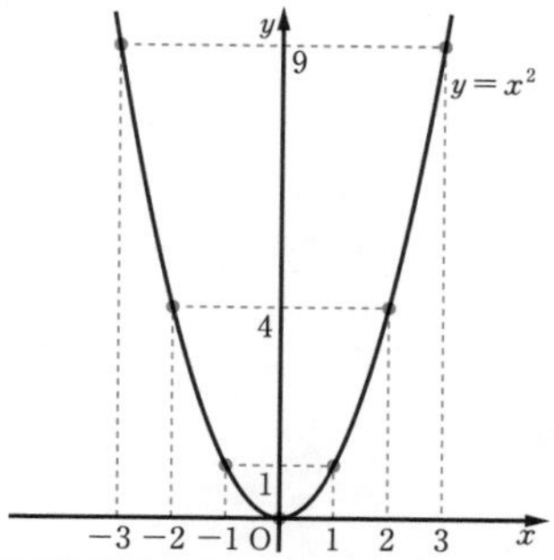

$y=x^2$ のグラフは左の図のようになる。

$x=-1$ のとき　$y=(-1)^2=1$

$x=2$ のとき　$y=2^2=4$

また，$x=0$ のとき　$y=0$

よって，y の値の範囲は　$\boldsymbol{0\leqq y\leqq 4}$

x の値の範囲を　x の変域，
y の値の範囲を　y の変域という。

問題 35 次の問いに答えよ。

(1) $x=1$ のとき $y=-2$ であるような関数 $y=ax^2$ を求めよ。

(2) $x=2$ のとき $y=2$ であるような関数 $y=ax^2$ を求めよ。

(3) $y=-2x^2$ のグラフをかき，x の値が -2 から 1 まで変化するときの y の値の範囲を求めよ。

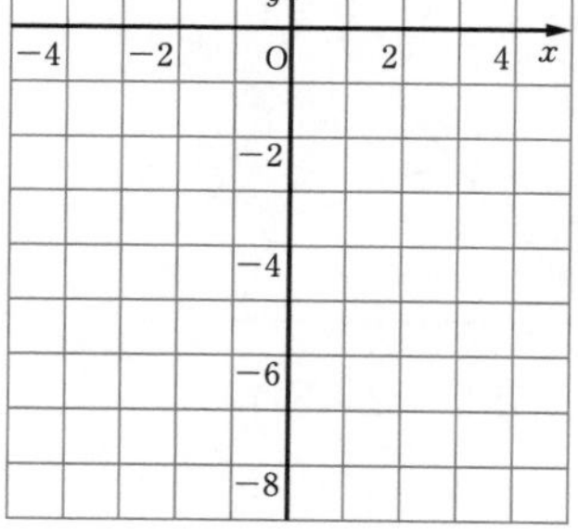

高校では $y=x^2+2x+3$ のような **2 次関数のグラフ**について学びます。

12 三角形の性質

基本問題 36 右の図の三角形で，次のものを求めよ。

(1) 合同な三角形

(2) 相似な三角形

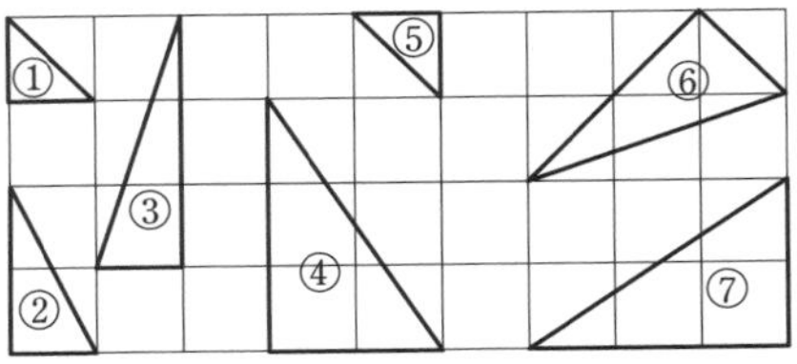

例題 23 右の図において，x の値を求めよ。ただし，BC∥DE とする。

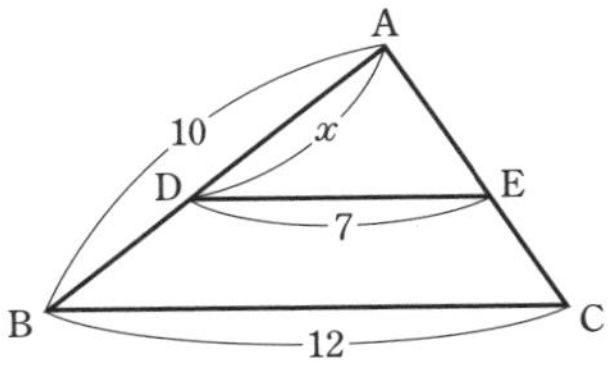

解 BC∥DE より

AD：DE＝AB：BC なので

$x:7=10:12$

$x:7=5:6$ （10：12＝5：6）

$x\times 6=7\times 5$ （$a:b=m:n$ ならば $an=bm$）

$6x=35$ $\quad$ $\boldsymbol{x=\dfrac{35}{6}}$

問題 37 次の図において，x の値を求めよ。

(1)

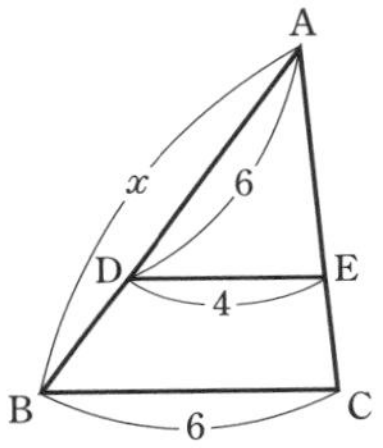

BC∥DE

(2)

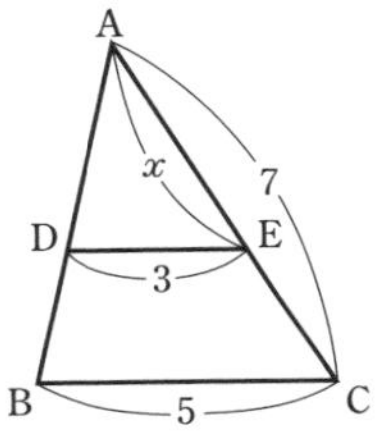

BC∥DE

(3)

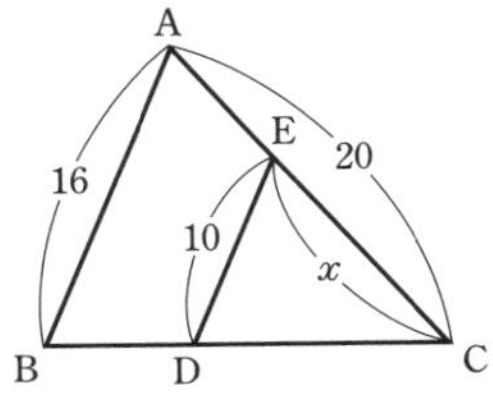

AB∥ED

(4)

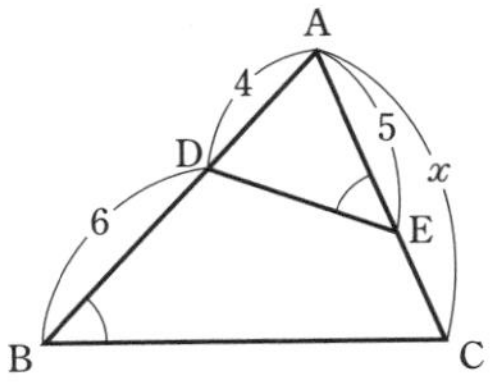

∠ABC＝∠AED

例題 24 **右の図において，x，y の値を求めよ。ただし，BC∥DE とする。**

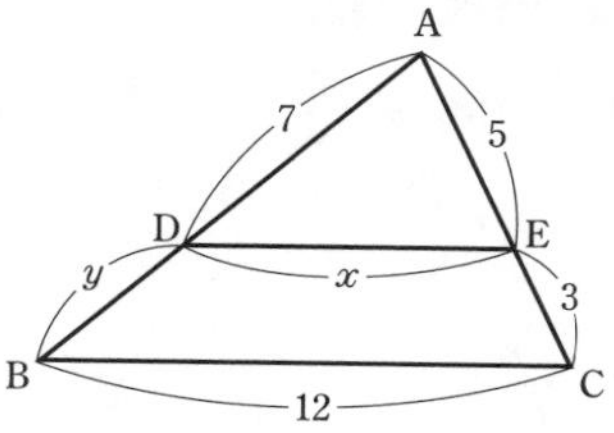

解 BC∥DE より

AE：DE＝AC：BC なので

$5 : x = (5+3) : 12$

$5 : x = 8 : 12$　（$8 : 12 = 2 : 3$）

$5 : x = 2 : 3$

$2x = 15$　　$x = \dfrac{15}{2}$

また，AD：DB＝AE：EC なので

$7 : y = 5 : 3$

$5y = 21$　　$y = \dfrac{21}{5}$

答 $x = \dfrac{15}{2}$，$y = \dfrac{21}{5}$

問題 38 次の図において，x，y の値を求めよ。

(1)

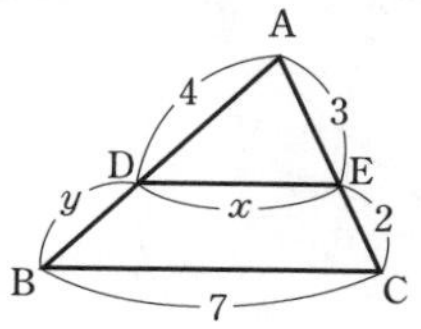

BC∥DE

(2)

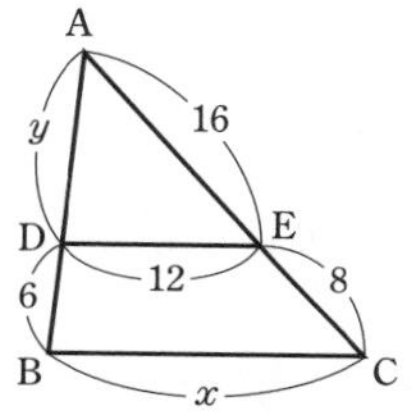

BC∥DE

(3)

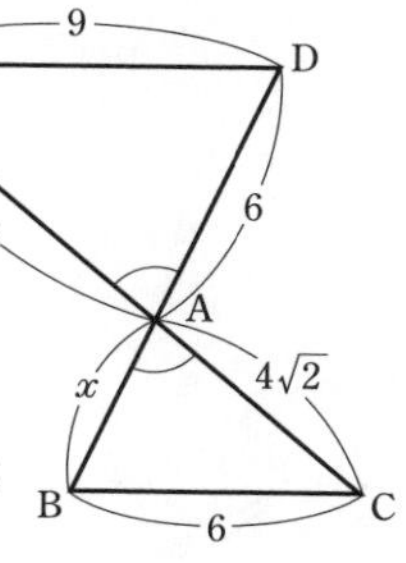

BC∥DE

(4)

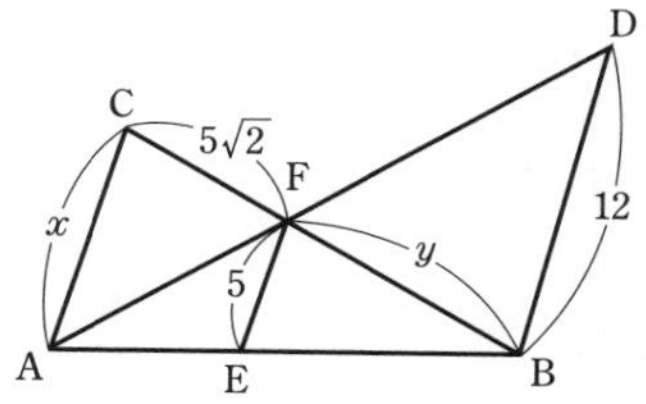

AC∥EF∥BD

高校では 直角三角形の辺の比を「**サイン**」，「**コサイン**」，「**タンジェント**」とよび，これについて学びます。

13 円の性質

基本問題 39 次の半円や扇形の周の長さと面積を求めよ。ただし，O は円の中心とする。

（1）半径 4 cm の半円

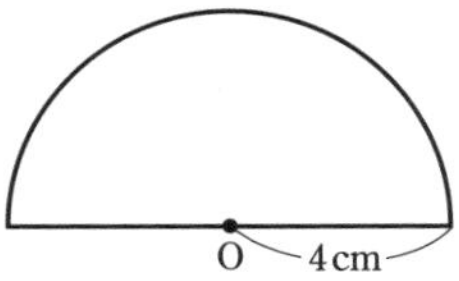

（2）半径 6 cm，中心角 60°の扇形

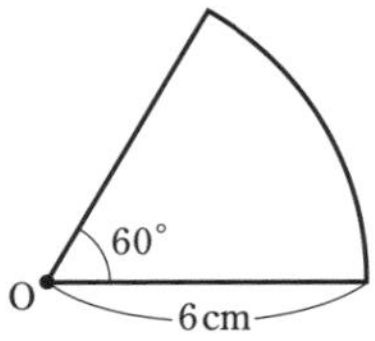

例題 25 **右の円 O について，x，y の大きさを求めよ。**

解　∠ACB と∠APB は，ともに $\overset{\frown}{\mathrm{AB}}$ に対する円周角なので等しい。

よって　$\boldsymbol{x=42°}$

また，∠AOB は，$\overset{\frown}{\mathrm{AB}}$ に対する中心角なので

$y=2\angle \mathrm{ACB}=2\times 42°=\boldsymbol{84°}$

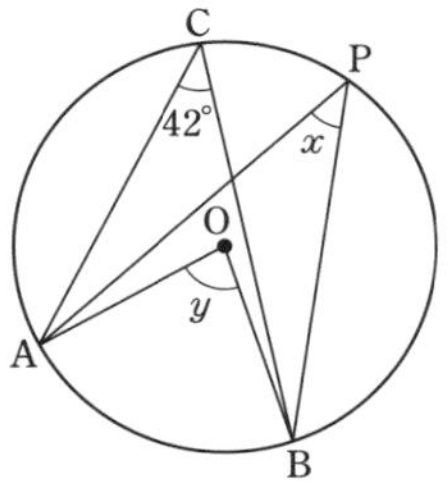

問題 40 次の円 O について，x，y の大きさを求めよ。

（1）

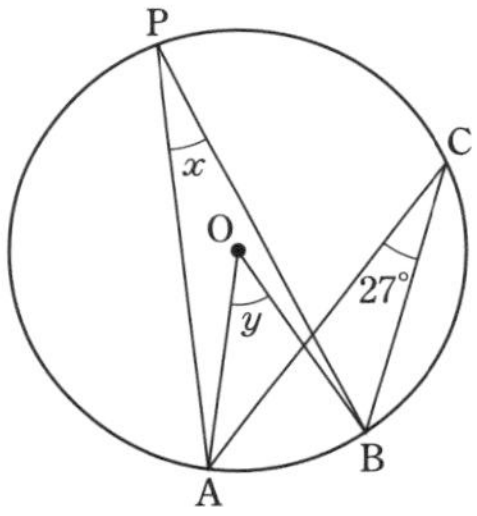

（2）

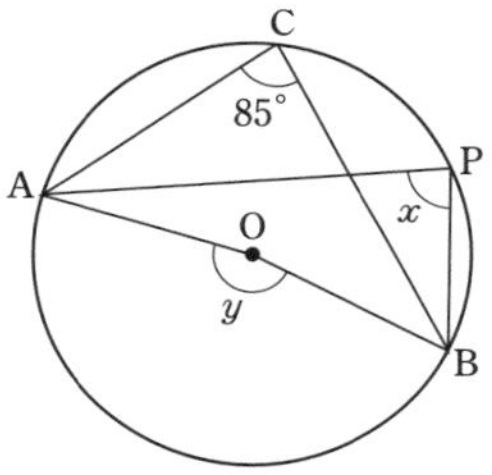

（3）AB は円 O の直径

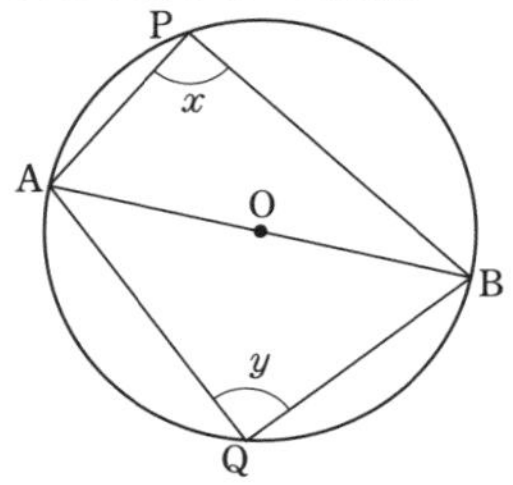

（4）

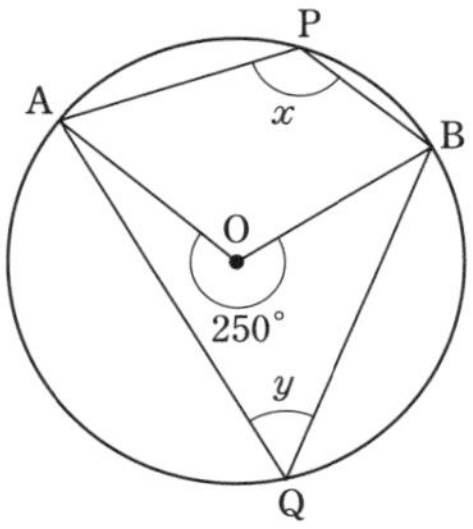

例題 26 **右の図について，斜線部分の周の長さと面積を求めよ。**

正方形 ABCD

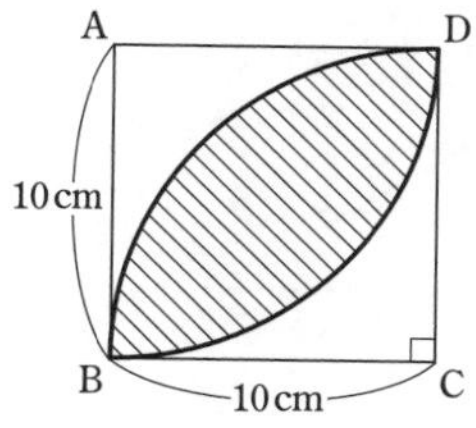

解 下の図のように，求める部分を 2 分割して考える。

求める図形の周の長さは

$(\text{弧 BD})\times 2=2\times\pi\times 10\times\dfrac{1}{4}\times 2=10\pi\ (\text{cm})$

2 分割した斜線部分の面積は

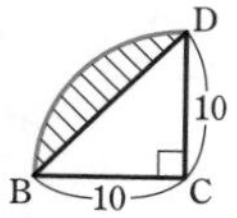

$(\text{扇形の面積})-\triangle\text{BCD}$

$=\pi\times 10^2\times\dfrac{1}{4}-\dfrac{1}{2}\times 10^2$

$=25\pi-50$

したがって，求める図形の面積は

$2\times(25\pi-50)=50\pi-100\ (\text{cm}^2)$

答 周の長さは $\boldsymbol{10\pi}$ **cm**，面積は $\boldsymbol{50\pi-100}$ $\textbf{cm}^2$

問題 41 次の図について，斜線部分の周の長さと面積を求めよ。

(1) 正方形 ABCD

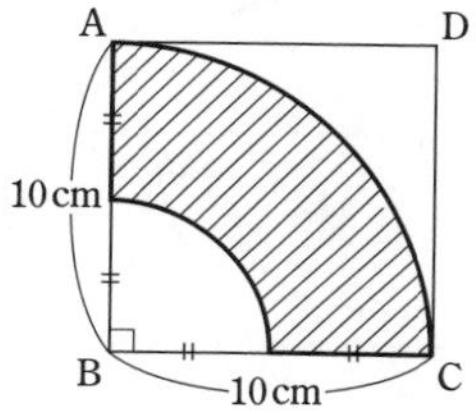

(2) 正方形 ABCD

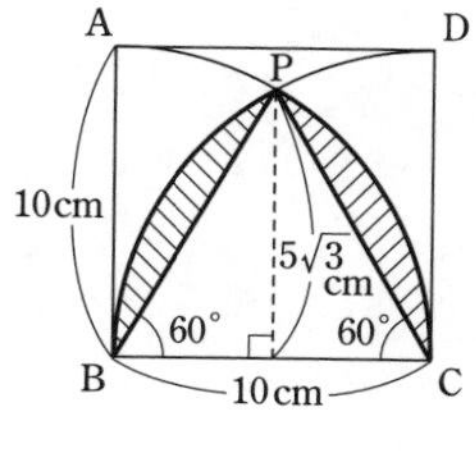

高校では 原点を中心とする半径 r の円の式が $\boldsymbol{x^2+y^2=r^2}$ で表されることを学びます。

14 三平方の定理，面積・体積

基本問題 42 次の図で，x の値を求めよ。

(1)

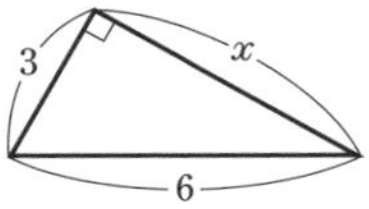

(2)

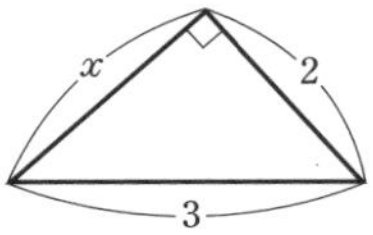

(3)

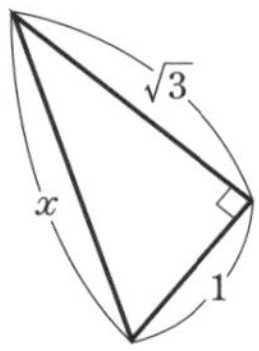

例題 27 **右の円 O で，x の値を求めよ。ただし，AP は円 O の接線とする。**

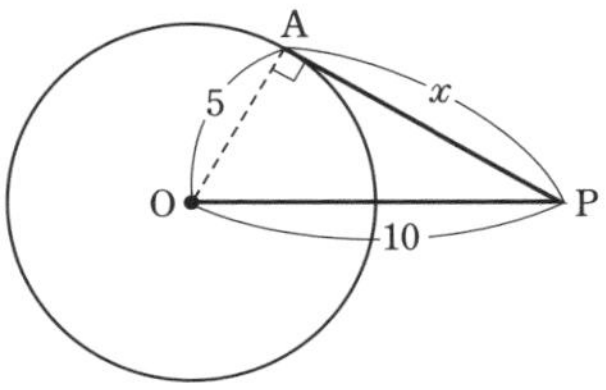

解　AP は円 O の接線であるので，OA⊥AP

直角三角形 OAP で，三平方の定理より

$10^2=5^2+x^2$　（$100=25+x^2$）

$x^2=100-25=75$

$x>0$ より　$\boldsymbol{x=\sqrt{75}=5\sqrt{3}}$

問題 43 次の図で，x の値を求めよ。

(1) 長方形 ABCD

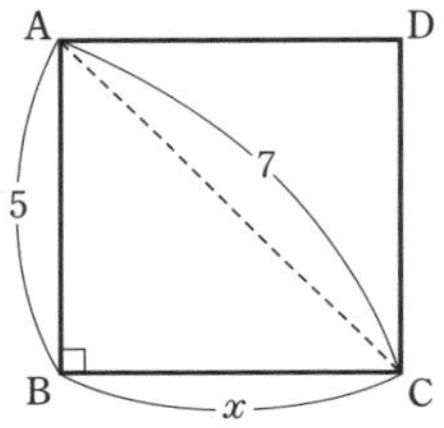

(2) AB は円 O の弦

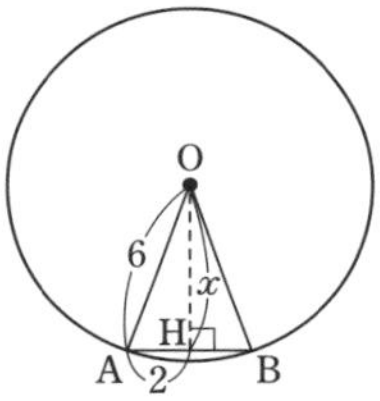

(3) AP は円 O の接線

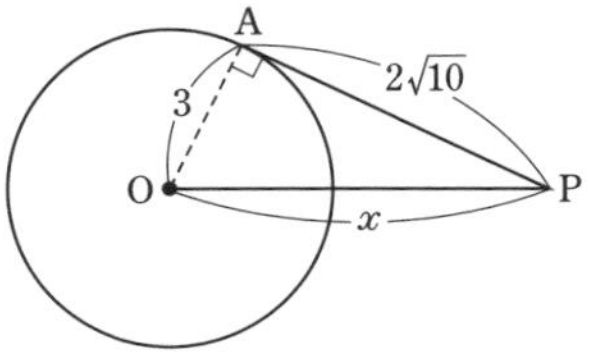

(4) 台形 ABCD

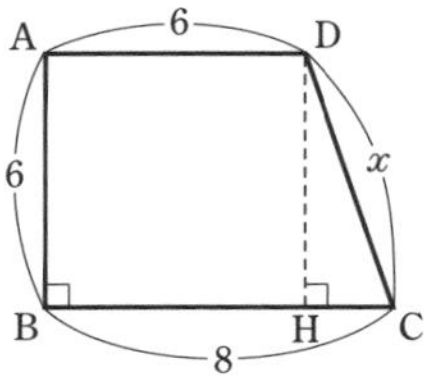

例題 28 **右の円錐《すい》について，その体積と表面積を求めよ。**

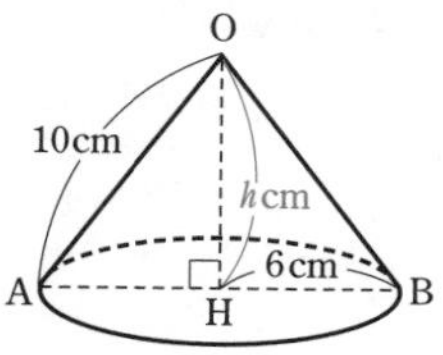

解　円錐の高さを h cm とおくと，△OAH について

$10^2=6^2+h^2$

$h^2=100-36=64$　　$h>0$ より　$h=8$

したがって，円錐の体積は　$\frac{1}{3}\times\pi\times6^2\times8=96\pi\,(\mathrm{cm}^3)$

また，右の円錐の展開図より

側面となる扇形の弧の長さは，底面の円周の長さに等しいので，

扇形の中心角を $a°$ とすると

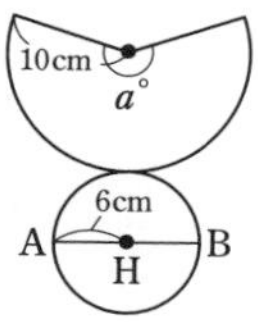

$2\times\pi\times10\times\frac{a}{360}=2\times\pi\times6$　から　$a=36\times6=216$

円錐の表面積は（側面の面積）+（底面の面積）なので

$\pi\times10^2\times\frac{216}{360}+\pi\times6^2=60\pi+36\pi=96\pi\,(\mathrm{cm}^2)$

答　**円錐の体積は 96π cm^3，表面積は 96π cm^2**

問題 44 右の正四角錐について，次のものを求めよ。

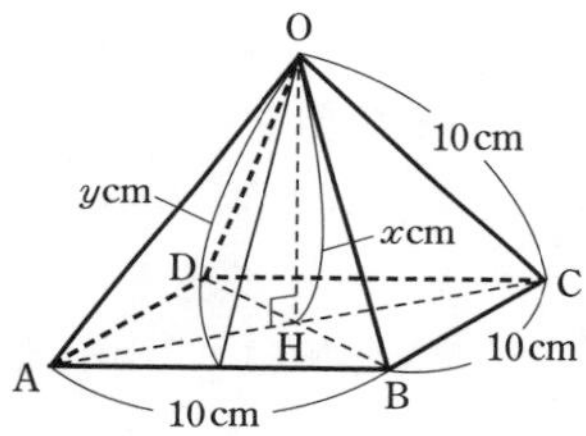

（1）x と y の値

（2）表面積

（3）体積

問題 45 右の円錐について，次のものを求めよ。

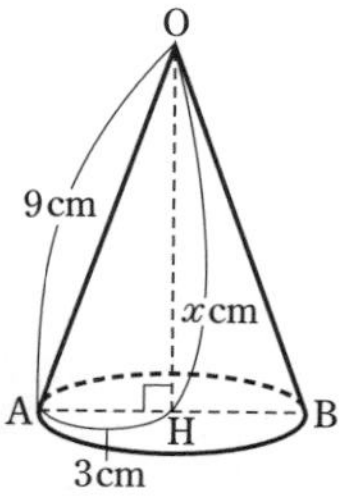

（1）x の値

（2）体積

（3）表面積

高校では　三角形の 3 つの辺の長さと，3 つの角の大きさの関係について学びます。

15 代表値と四分位数

基本問題 46 次の表は，生徒 10 人の(1)国語，(2)数学のテストの点数である。平均値，中央値および最頻値をそれぞれ求めよ。

(1)

5，6，7，7，2，6，3，6，7，7

(2)

4，9，6，3，10，1，8，5，8，2

例題 29 **右の表は，生徒 40 人について，国語のテストの得点を度数分布表で示したものである。得点の平均値と最頻値を求め，中央値が入っている階級を求めよ。**

階級(点)	階級値(点)	度数(人)
0 以上 ～ 20 未満	10	3
20 ～ 40	30	7
40 ～ 60	50	11
60 ～ 80	70	12
80 ～ 100	90	7
計		40

解 右の表から，テストの平均値は

$(10\times3+30\times7+50\times11+70\times12+90\times7)\div40$

$=56.5$（点）

最頻値は，度数が最も多い 12 人の階級値 70（点）

中央値は，小さい方から20 番目と 21 番目の得点が入っている階級で，「40 点以上 60 点未満」である。

答 **平均値 56.5 点，最頻値 70 点，40 点以上 60 点未満の階級**に中央値が入っている。

問題 47 右の表は，生徒 41 人について，数学のテストの得点を度数分布表で示したものである。

階級(点)	階級値(点)	度数(人)
0 以上 ～ 10 未満	5	1
10 ～ 20	15	2
20 ～ 30	25	3
30 ～ 40	35	2
40 ～ 50	45	2
50 ～ 60	55	4
60 ～ 70	65	9
70 ～ 80	75	11
80 ～ 90	85	4
90 ～ 100	95	3
計		41

(1) 得点の平均値を求めよ。(小数第 1 位まで)

(2) 得点の中央値が入っている階級を求めよ。

(3) 得点の最頻値を求めよ。

例題 30 右の表は，生徒 8 人について，数学のテストの得点を示したものである。

生徒	A	B	C	D	E	F	G	H
得点（点）	61	65	72	63	75	55	71	82

❶ データを小さい順に並べ，最大値・最小値を求めよ。

解 55，61，63，65，71，72，75，82

よって，最大値 **82** 点　最小値 **55** 点

❷ このデータの中央値（第 2 四分位数）Q_2 を求めよ。

解 ❶で並べたデータの小さい方から 4 番目と 5 番目の値の平均値が中央値 Q_2 だから

$$Q_2=\frac{65+71}{2}=\frac{136}{2}=\mathbf{68}\text{（点）}$$

❸ このデータの第 1 四分位数 Q_1 と第 3 四分位数 Q_3 を求めよ。

解 ❶で並べたデータの前半 4 個のデータ「55，61，63，65」の中央値が Q_1 だから 61 と 63 の平均値を求めて

$$Q_1=\frac{61+63}{2}=\frac{124}{2}=\mathbf{62}\text{（点）}$$

❶で並べたデータの後半 4 個のデータ「71，72，75，82」の中央値が Q_3 だから 72 と 75 の平均値を求めて

$$Q_3=\frac{72+75}{2}=\frac{147}{2}=\mathbf{73.5}\text{（点）}$$

❹ 箱ひげ図をかけ。

解 ❶,❷,❸から，最小値 55，$Q_1=62$，$Q_2=68$，$Q_3=73.5$，最大値 82 だから，これを図にとって

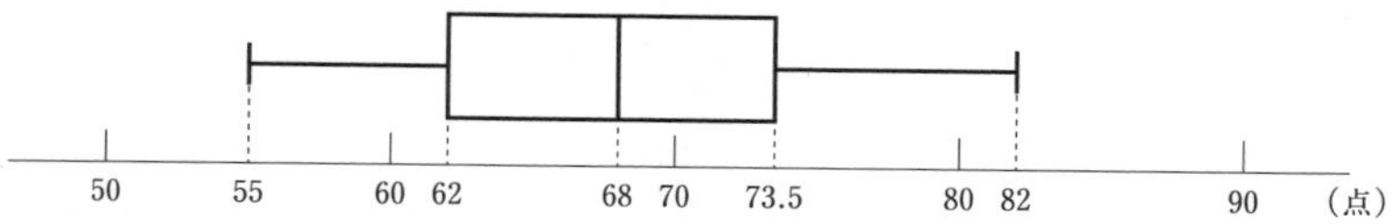

問題 48 次の表は，大相撲のある場所の三役力士 9 人について，体重を示したものである。

力士	小結 A	小結 B	関脇 C	関脇 D	大関 E	大関 F	大関 G	横綱 H	横綱 I
体重(kg)	147	183	175	170	161	161	155	120	173

(1) データを小さい順に並べ，最大値・最小値を求めよ。

(2) このデータの中央値（第 2 四分位数）Q_2 を求めよ。

(3) このデータの第 1 四分位数 Q_1 と第 3 四分位数 Q_3 を求めよ。

(4) 箱ひげ図をかけ。

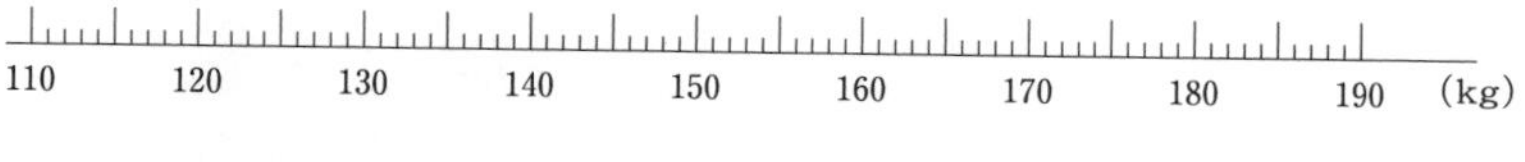

高校では　平均値を基準にして散らばりのようすを表すことを学びます。

ファイナルラウンド

1 次の計算をせよ。また，問いに答えよ。

□**1.** $15-20$

□**2.** $(-7)\times5$

□**3.** $24\div(-3)$

□**4.** $(-10)\times(-3)\times(-7)$

□**5.** $(-3)^2\times(-4)^2$

□**6.** $\frac{4}{7}\times\frac{3}{5}$

□**7.** $\frac{2}{5}\div\frac{9}{10}$

□**8.** $7.21-2.65$

□**9.** $x\div3-y\times2$ を，×，÷の記号を使わずに表せ。

□**10.** $a^2\times a^5$

□**11.** $(x^3)^2$

□**12.** $(xy^2)^3$

□**13.** $5a-7a$

□**14.** $2x^2+4x-1+3x-3x^2$

□**15.** $2(3x+5)$

□**16.** $(x+3)(x-6)$

□**17.** $a=-3$ のとき，$3a(a+1)$の値を求めよ。

□**18.** 5の平方根をいえ。

□**19.** $\sqrt{3}\times\sqrt{7}$

□**20.** $\frac{\sqrt{15}}{\sqrt{3}}$ を，分母に根号を含まない形で表せ。

□**21.** $\sqrt{45}$ を $a\sqrt{b}$ の形にせよ。

□**22.** mx^2+5my を因数分解せよ。

□**23.** $x^2-6xy+9y^2$ を因数分解せよ。

□**24.** a^2-4 を因数分解せよ。

□**25.** x^2+3x+2 を因数分解せよ。

2 次の方程式を解け。

□**26.** $2x=10$

□**27.** $5x-3=3x+9$

□**28.** $2x-1+6x=7-3x$

□**29.** $\frac{4}{3}x=28$

□**30.** $\frac{1}{2}(x+9)=-\frac{2}{5}x$

□**31.** $\begin{cases} x+y=4 \\ y=x+2 \end{cases}$

□**32.** $\begin{cases} x+y=8 \\ x-y=2 \end{cases}$

□**33.** $x^2-x-12=0$

□**34.** $x^2+3x+1=0$

□**35.** $2x^2+5x-2=0$

□**36.**　$x^2-6x-1=0$

3　次の問いに答えよ。

□**37.**　1 次関数 $y=2x+5$ について，$x=3$ のときの関数の値 y を求めよ。

□**38.**　1 次関数 $y=3x$ のグラフの傾きを求めよ。

□**39.**　1 次関数 $y=2x$ で，x が -1 から 2 まで変化するとき y の値の範囲を求めよ。

□**40.**　$x=2$ のとき $y=4$ であるような関数 $y=ax^2$ を求めよ。

□**41.**　関数 $y=2x^2$ で，x が -1 から 3 まで変化するとき y の値の範囲を求めよ。

□**42.**　右の図の x の大きさを求めよ。

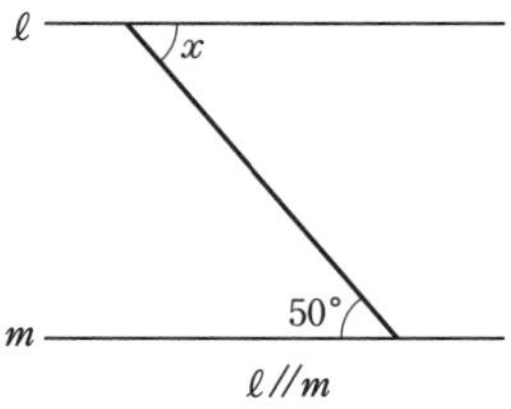

□**43.**　右の図の x の大きさを求めよ。

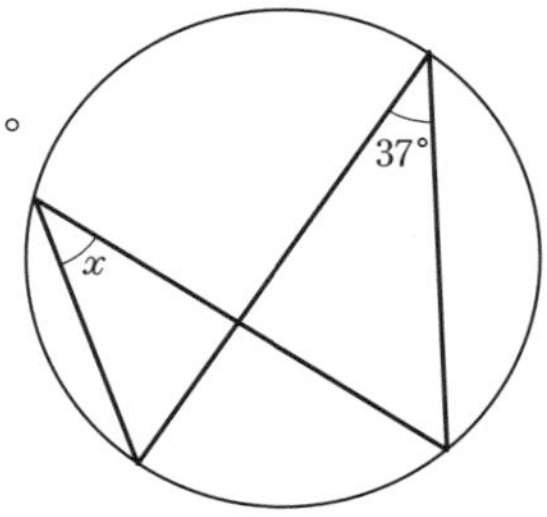

□**44.**　右の図の x の大きさを求めよ。

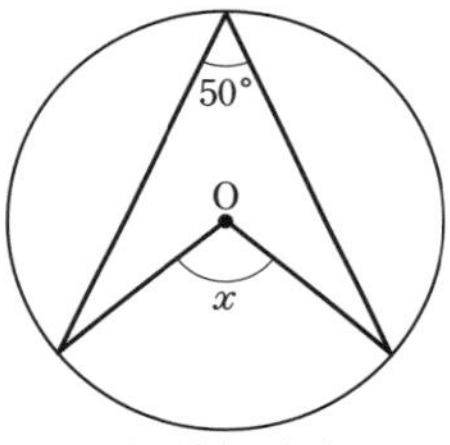

O は円の中心

□**45.**　右の図の x の値を求めよ。

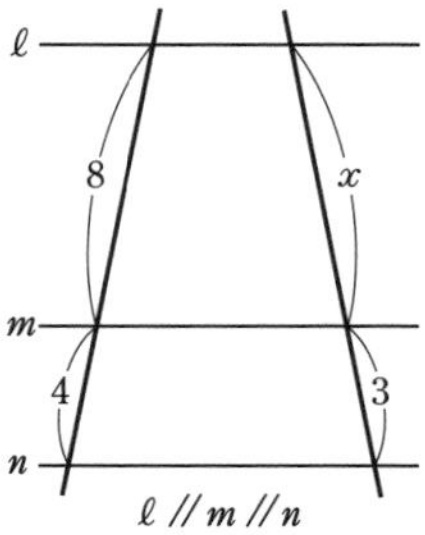

□**46.**　右の図の x の値を求めよ。

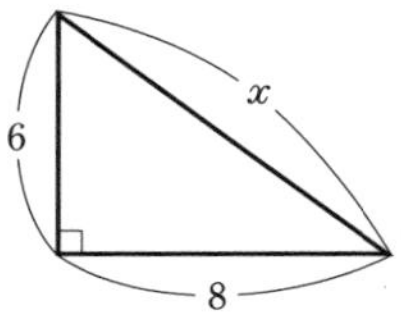

□**47.** 右の半円の面積を求めよ。

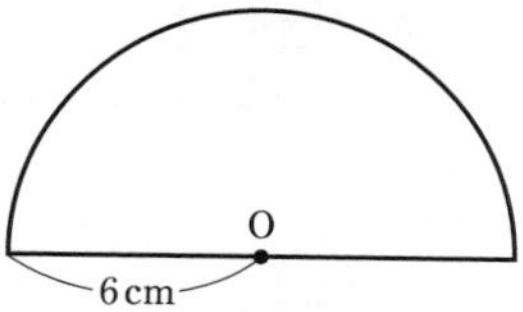

Oは円の中心

□**48.** 47の図において，半円の弧の長さを求めよ。

□**49.** 右の円柱の体積を求めよ。

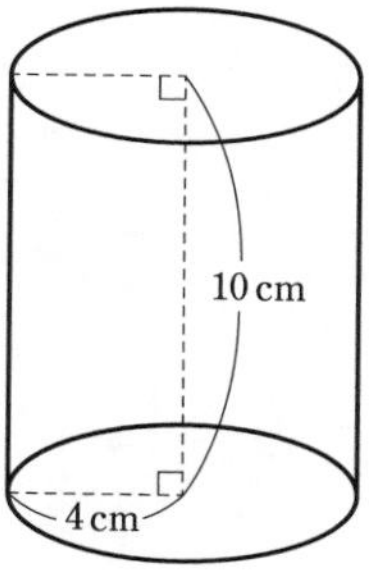

□**50.** 右の円錐《すい》の体積を求めよ。

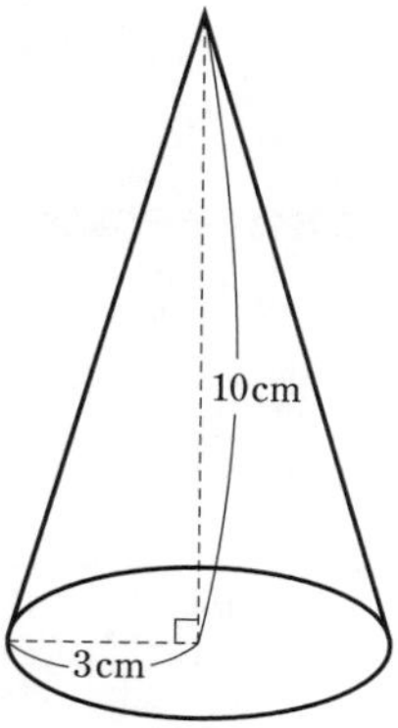

□**51.** 次の表の数値の平均値，中央値，最頻値を求めよ。

(1) 3　4　7　8　8

(2) 3　4　7　8　8　9

□**52.** 次の表は，生徒20人について，数学のテストの得点を度数分布表で示したものである。得点の平均値を求めよ。
(小数第1位まで)

階級(点)	階級値(点)	度数(人)
0以上 ～ 10未満	5	0
10 ～ 20	15	0
20 ～ 30	25	0
30 ～ 40	35	0
40 ～ 50	45	4
50 ～ 60	55	2
60 ～ 70	65	6
70 ～ 80	75	3
80 ～ 90	85	3
90 ～ 100	95	2
計		20

□**53.** 次の表は，生徒 9 人について，数学のテストの得点を示したものである。

生徒	A	B	C	D	E	F	G	H	I
得点 (点)	61	65	72	63	75	55	71	82	66

(**1**) データを小さい順に並べ，最大値・最小値を求めよ。

(**2**) このデータの中央値（第 2 四分位数）Q_2 を求めよ。

(**3**) このデータの第 1 四分位数 Q_1 と第 3 四分位数 Q_3 を求めよ。

(**4**) 箱ひげ図をかけ。

カウントダウン数学　スタンダード

●編　者　実教出版編修部
●発行者　小田良次
●印刷所　株式会社太洋社

●発行所　実教出版株式会社
〒102-8377
東京都千代田区五番町 5
電話〈営業〉(03) 3238-7777
〈編修〉(03) 3238-7785
〈総務〉(03) 3238-7700
https://www.jikkyo.co.jp/

002402022②
ISBN 978-4-407-35210-8

カウントダウン数学
スタンダード

解答編

実教出版

1 数の計算

基本問題 1 次の計算をせよ。

(1) $-3+4$

$=1$

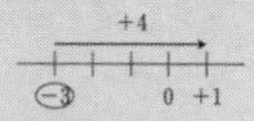

(2) $-1-3$

$=-4$

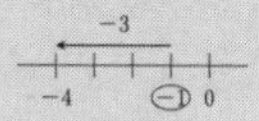

(3) $(-2)\times(-3)$

$=6$

⊕×⊕, ⊖×⊖ → ⊕　⊕×⊖, ⊖×⊕ → ⊖

(4) $(-5)^2$

$=(-5)\times(-5)$

$=25$

$(-5)^2$ と (-5^2) の違いを確認しよう

例題 1 次の計算をせよ。

❶ $(-2)^3-(-3^2)$

$=(-8)-(-9)$

$=-8+9$

$=1$

$(-2)^3=(-2)\times(-2)\times(-2)$, $-3^2=-(3\times3)$

❷ $3\div(-6)\div(-2)\times(-8)$

$=3\times\left(-\frac{1}{6}\right)\times\left(-\frac{1}{2}\right)\times(-8)$

$=-\left(3\times\frac{1}{6}\times\frac{1}{2}\times8\right)$

$=-2$

割り算は掛け算になおす

問題 2 次の計算をせよ。

(1) $-5-(-6)+(-4)+1$

$=-5+6-4+1$

$=6+1-5-4$ ←正の項，負の項に分けて並べると計算しやすい

$=7-9$

$=-2$

(2) $-\frac{1}{2}+\frac{1}{3}-\frac{1}{4}$

$=-\frac{6}{12}+\frac{4}{12}-\frac{3}{12}$

$=-\frac{5}{12}$

(3) $(-3^2)+(-2)^4$

$=(-9)+(+16)$

$=-9+16$

$=7$

$-3^2=-(3\times3)$, $(-2)^4=(-2)\times(-2)\times(-2)\times(-2)$

(4) $(-12)\div(-2)\times3$

$=(-12)\times\left(-\frac{1}{2}\right)\times3$

$=+\left(12\times\frac{1}{2}\times3\right)$

$=18$

(5) $(-2^4)\div(-4)^2$

$=(-16)\div(+16)$

$=-\frac{16}{16}$

$=-1$

$-2^4=-(2\times2\times2\times2)$, $(-4)^2=(-4)\times(-4)$

(6) $\left(-\frac{1}{3}\right)^2\times\left(-\frac{3}{4}\right)$

$=\frac{1}{9}\times\left(-\frac{3}{4}\right)$

$=-\frac{1}{12}$

例題 2 次の計算をせよ。

❶ $10+(5-3^2)\div2$

$=10+(5-9)\div2$

$=10+(-4)\div2$

$=10+(-2)$

$=8$

計算は
2乗，3乗，…
↓
（ ）の中
↓
×，÷
↓
＋，－ の順

❷ $12\times\left(\frac{2}{3}-\frac{3}{4}\right)$

$=12\times\frac{2}{3}-12\times\frac{3}{4}$

$=8-9$

$=-1$

分配法則 $a(b+c)=ab+ac$

問題 3 次の計算をせよ。

(1) $15-(-4)\times(-6)$

$=15-(+24)$

$=15-24$

$=-9$

(2) $2+8\div(-2)$

$=2+(-4)$

$=2-4$

$=-2$

(3) $(-3)\times6+8\div4$

$=(-18)+2$

$=-16$

(4) $18+\{12\div(1-3)\}$

$=18+\{12\div(-2)\}$

$=18+(-6)$

$=12$

(5) $(-2)^2\div4-(-3^2)\times2$

$=4\div4-(-9)\times2$

$=1-(-18)$

$=1+18$

$=19$

(6) $-3-(-4)\times(3-2^2)$

$=-3-(-4)\times(3-4)$

$=-3-(-4)\times(-1)$

$=-3-4$

$=-7$

(7) $18\times\left(\frac{2}{9}-\frac{5}{6}\right)$

$=18\times\frac{2}{9}-18\times\frac{5}{6}$

$=4-15$

$=-11$

(8) $3.14\times23-3.14\times123$

$=3.14\times(23-123)$

$=3.14\times(-100)$

$=-314$

高校では　3，−2，0，3，$\frac{3}{2}$ などの数を有理数，$\sqrt{2}$，π などの数を無理数といい，これについて学びます。

2 式の計算①

基本問題 4 次の計算をせよ。

(1) $2a\times5a$

$=(2\times a)\times(5\times a)$

$=2\times5\times a\times a$

$=\mathbf{10a^2}$

(2) $(-2a)^2$

$=(-2a)\times(-2a)$

$=(-2)\times(-2)\times a\times a$

$=\mathbf{4a^2}$

例題 3 次の計算をせよ。

❶ $(-7xy)\times(-2x^2)$

$=(-7\times x\times y)\times(-2\times x\times x)$

$=(-7)\times(-2)\times\underbrace{x\times x\times x}_{x^3}\times y$

$=\mathbf{14x^3y}$

❷ $4a^3\div2a^2$

$=\dfrac{4a^3}{2a^2}$

$=\dfrac{\overset{2}{\cancel{4}}\times\cancel{a}\times\cancel{a}\times a}{\cancel{2}\times\cancel{a}\times\cancel{a}}$

$=\mathbf{2a}$

問題 5 次の計算をせよ。

(1) $2a\times3b$

$=(2\times a)\times(3\times b)$

$=2\times3\times a\times b$

$=\mathbf{6ab}$

(2) $4x\times3x^2$

$=(4\times x)\times(3\times x\times x)$

$=4\times3\times x\times x\times x$

$=\mathbf{12x^3}$

(3) $(3x)^2$

$=(3x)\times(3x)$

$=3\times3\times x\times x$

$=\mathbf{9x^2}$

(4) $(-a^2)^3$

$=(-a^2)\times(-a^2)\times(-a^2)$

$=(-a\times a)\times(-a\times a)\times(-a\times a)$

$=\mathbf{-a^6}$

(5) $3a^2\times2a^3$

$=(3\times a\times a)\times(2\times a\times a\times a)$

$=3\times2\times a\times a\times a\times a\times a$

$=\mathbf{6a^5}$

(6) $(-3xy^2)\times(-2x^2)$

$=(-3\times x\times y\times y)\times(-2\times x\times x)$

$=(-3)\times(-2)\times x\times x\times x\times y\times y$

$=\mathbf{6x^3y^2}$

(7) $12x^3\div4x$

$=\dfrac{12x^3}{4x}$

$=\dfrac{12\times x\times x\times x}{4\times x}$

$=\mathbf{3x^2}$

(8) $8a^2b\div(-4ab)$

$=-\dfrac{8a^2b}{4ab}$

$=-\dfrac{8\times a\times a\times b}{4\times a\times b}$

$=\mathbf{-2a}$

(9) $3x^2\div6x^2$

$=\dfrac{3x^2}{6x^2}$

$=\dfrac{3\times x\times x}{6\times x\times x}=\dfrac{1}{2}$

(10) $ab\div\dfrac{1}{2}a$ ←$\frac{1}{2}a=\frac{a}{2}$

$=ab\times\dfrac{2}{a}$ ←$\div\frac{a}{2}\to\times\frac{2}{a}$

$=\mathbf{2b}$

例題 4 次の計算をせよ。

❶ $6a^2b\div(-3a)^2\times3b$ ← $(-3a)\times(-3a)=(-3)\times(-3)\times a\times a$

$=6a^2b\div9a^2\times3b$ 分母に

$=\dfrac{6a^2b\times3b}{9a^2}$

$=\dfrac{\overset{2}{\cancel{6}}\times\cancel{3}\times\cancel{a}\times\cancel{a}\times b\times b}{\cancel{9}\times\cancel{a}\times\cancel{a}}=\mathbf{2b^2}$

❷ $(6x^2-4x)\div2x$ 分母に

$=\dfrac{6x^2}{2x}-\dfrac{4x}{2x}$

$=\dfrac{\overset{3}{\cancel{6}}\times\cancel{x}\times x}{\cancel{2}\times\cancel{x}}-\dfrac{\overset{2}{\cancel{4}}\times\cancel{x}}{\cancel{2}\times\cancel{x}}$

$=\mathbf{3x-2}$

問題 6 次の計算をせよ。

(1) $3x\times(-xy)\times x$

$=(3\times x)\times(-1\times x\times y)\times x$

$=3\times(-1)\times x\times x\times x\times y$

$=\mathbf{-3x^3y}$

(2) $3a^2\div2a\times4a$

$=\dfrac{3a^2\times4a}{2a}$

$=\dfrac{3\times4\times a\times a\times a}{2\times a}$

$=\mathbf{6a^2}$

(3) $12a^2b\div2a\div(-3b)$

$=\dfrac{12a^2b}{2a\times(-3b)}$

$=-\dfrac{12a^2b}{2a\times3b}$

$=-\dfrac{12\times a\times a\times b}{2\times3\times a\times b}$

$=\mathbf{-2a}$

(4) $4x^2\div(2x)^3\times6x$

$=4x^2\div8x^3\times6x$

$=\dfrac{4x^2\times6x}{8x^3}$

$=\dfrac{4\times6\times x\times x\times x}{8\times x\times x\times x}$

$=\mathbf{3}$

(5) $x(2x+3y)$

$=x\times2x+x\times3y$

$=\mathbf{2x^2+3xy}$

(6) $\dfrac{1}{2}ab(4a^2-6ab+2b^2)$

$=\dfrac{1}{2}ab\times4a^2-\dfrac{1}{2}ab\times6ab+\dfrac{1}{2}ab\times2b^2$

$=\mathbf{2a^3b-3a^2b^2+ab^3}$

(7) $(6x^2-2x)\div2x$

$=\dfrac{6x^2}{2x}-\dfrac{2x}{2x}$

$=\dfrac{6\times x\times x}{2\times x}-\dfrac{2\times x}{2\times x}$

$=\mathbf{3x-1}$

(8) $(6x^2+3x)\div\dfrac{3}{4}x$ ←$\frac{3}{4}x=\frac{3x}{4}$

$=(6x^2+3x)\times\dfrac{4}{3x}$

$=6x^2\times\dfrac{4}{3x}+3x\times\dfrac{4}{3x}$

$=\mathbf{8x+4}$

高校では $x^5\times x^3=x^{5+3}$，$(x^3)^4=x^{3\times4}$ などの計算を学びます。

3 式の計算②

基本問題 7 次の計算をせよ。

(1) $3x+2x$

$=(3+2)x$

$=\mathbf{5x}$

(2) $3x^2+x-2x^2+4x$

$=3x^2-2x^2+x+4x$

$=(3-2)x^2+(1+4)x$

$=\mathbf{x^2+5x}$

例題 5 $A=6a-2b$，$B=4a+5b$ とするとき，次の計算をせよ。

❶ $A+B$

$=(6a-2b)+(4a+5b)$ ← $+(●+▲)=+●+▲$

$=6a-2b+4a+5b$

$=\mathbf{10a+3b}$

❷ $A-B$

$=(6a-2b)-(4a+5b)$ ← $-(●+▲)=-●-▲$

$=6a-2b-4a-5b$

$=\mathbf{2a-7b}$

問題 8 次の(1)～(4)の計算をせよ。また，(5)の問いに答えよ。

(1) $(2x+5y)+(3x-6y)$

$=2x+5y+3x-6y$

$=2x+3x+5y-6y$

$=\mathbf{5x-y}$

(2) $(7a+2b-4)+(1-3b-5a)$

$=7a+2b-4+1-3b-5a$

$=7a-5a+2b-3b-4+1$

$=\mathbf{2a-b-3}$

(3) $(3x^2-x)-(x^2+2x)$

$=3x^2-x-x^2-2x$

$=3x^2-x^2-x-2x$

$=\mathbf{2x^2-3x}$

(4) $(-2x^2+4x-5)-(4x+x^2-3)$

$=-2x^2+4x-5-4x-x^2+3$

$=-2x^2-x^2+4x-4x-5+3$

$=\mathbf{-3x^2-2}$

(5) $A=2x+3y$，$B=x+5y$ とするとき，次の計算をせよ。

① $A+B$

$=(2x+3y)+(x+5y)$

$=2x+3y+x+5y$

$=\mathbf{3x+8y}$

② $A-B$

$=(2x+3y)-(x+5y)$

$=2x+3y-x-5y$

$=\mathbf{x-2y}$

③ $(A+B)-(A-B)$

$=A+B-A+B$

$=2B$

$=2(x+5y)$

$=\mathbf{2x+10y}$

④ $(2A-3B)-(A-2B)$

$=2A-3B-A+2B$

$=A-B$

$=(2x+3y)-(x+5y)$

$=\mathbf{x-2y}$

例題 6 次の計算をせよ。

❶ $2(3x+1)-3(x-2)$

$=6x+2-3x+6$

$=6x-3x+2+6$

$=\mathbf{3x+8}$

❷ $\dfrac{x-y}{2}-\dfrac{2x+y}{3}$ ← 通分する 2と3の最小公倍数は6

$=\dfrac{3(x-y)}{6}-\dfrac{2(2x+y)}{6}$ ← $\dfrac{3(x-y)-2(2x+y)}{6}$

$=\dfrac{3x-3y-4x-2y}{6}$

$=\mathbf{\dfrac{-x-5y}{6}}$

問題 9 次の計算をせよ。

(1) $3(2x-y)+2(x+2y)$

$=6x-3y+2x+4y$

$=6x+2x-3y+4y$

$=\mathbf{8x+y}$

(2) $3(x^2+x-3)-2(2x^2+x+1)$

$=3x^2+3x-9-4x^2-2x-2$

$=3x^2-4x^2+3x-2x-9-2$

$=\mathbf{-x^2+x-11}$

(3) $6(x^2-2x+3)-4(2x^2-3x+2)$

$=6x^2-12x+18-8x^2+12x-8$

$=6x^2-8x^2-12x+12x+18-8$

$=\mathbf{-2x^2+10}$

(4) $\dfrac{3}{4}(8a-12b)-\dfrac{2}{5}(10a-15b)$

$=\dfrac{3}{4}\times 8a-\dfrac{3}{4}\times 12b-\dfrac{2}{5}\times 10a+\dfrac{2}{5}\times 15b$

$=6a-9b-4a+6b$

$=\mathbf{2a-3b}$

(5) $2x-\dfrac{x-2y}{3}$

$=\dfrac{3\times 2x}{3}-\dfrac{x-2y}{3}$ ←通分する

$=\dfrac{6x-(x-2y)}{3}$

$=\dfrac{6x-x+2y}{3}$

$=\mathbf{\dfrac{5x+2y}{3}}$

(6) $\dfrac{x+5y}{3}+\dfrac{x-2y}{2}$

$=\dfrac{2(x+5y)}{6}+\dfrac{3(x-2y)}{6}$ ←通分する

$=\dfrac{2x+10y+3x-6y}{6}$

$=\mathbf{\dfrac{5x+4y}{6}}$

高校では $\dfrac{1}{x}$ や $\dfrac{1}{2x-1}$ を分数式といい，分数式の計算を学びます。

4 式の展開

基本問題 10 次の式を展開せよ。

(1) $(x+1)(y+3)$

$=xy+3x+y+3$

(2) $(x+2y)(3x-y)$

$=3x^2-xy+6xy-2y^2$ ← yx は xy に直す

$=3x^2+5xy-2y^2$

例題 7 次の式を展開せよ。

❶ $(2x+3)^2$

$=(2x)^2+2\times 2x\times 3+3^2$ 　$(a\pm b)^2=a^2\pm 2ab+b^2$

$=4x^2+12x+9$

❷ $(3x+4)(3x-4)$

$=(3x)^2-4^2$ 　$(a+b)(a-b)=a^2-b^2$

$=9x^2-16$

問題 11 次の式を展開せよ。

(1) $(x+4)^2$

$=x^2+2\times x\times 4+4^2$

$=x^2+8x+16$

(2) $(x-5)^2$

$=x^2-2\times x\times 5+5^2$

$=x^2-10x+25$

(3) $(x+3y)^2$

$=x^2+2\times x\times 3y+(3y)^2$

$=x^2+6xy+9y^2$

(4) $(5x-2y)^2$

$=(5x)^2-2\times 5x\times 2y+(2y)^2$

$=25x^2-20xy+4y^2$

(5) $(x+3)(x-3)$

$=x^2-3^2$

$=x^2-9$

(6) $(5x+2)(5x-2)$

$=(5x)^2-2^2$

$=25x^2-4$

(7) $(x+2y)(x-2y)$

$=x^2-(2y)^2$

$=x^2-4y^2$

(8) $\left(x-\frac{1}{3}\right)\left(x+\frac{1}{3}\right)$

$=x^2-\left(\frac{1}{3}\right)^2$

$=x^2-\frac{1}{9}$

例題 8 次の式を展開せよ。

❶ $(x+3)(x+4)$

$=x^2+(3+4)x+3\times 4$ 　$(x+a)(x+b)=x^2+(a+b)x+ab$

$=x^2+7x+12$

❷ $(x+1)^2-(x-1)^2$

$=(x^2+2x+1)-(x^2-2x+1)$ 　$(a\pm b)^2=a^2\pm 2ab+b^2$

$=x^2+2x+1-x^2+2x-1$

$=4x$

問題 12 次の式を展開せよ。

(1) $(x+1)(x+5)$

$=x^2+(1+5)x+1\times 5$

$=x^2+6x+5$

(2) $(a-2)(a-7)$

$=a^2+\{(-2)+(-7)\}a+(-2)\times(-7)$

$=a^2-9a+14$

(3) $(x+2)(x-5)$

$=x^2+\{2+(-5)\}x+2\times(-5)$

$=x^2-3x-10$

(4) $(a-4)(a+5)$

$=a^2+\{(-4)+5\}a+(-4)\times 5$

$=a^2+a-20$

(5) $(x+2y)(x+5y)$

$=x^2+(2+5)xy+2\times 5\times y^2$

$=x^2+7xy+10y^2$

(6) $(a-2b)(a+b)$

$=a^2+\{(-2)+1\}ab+(-2)\times 1\times b^2$

$=a^2-ab-2b^2$

(7) $(2a+1)^2-(2a-1)^2$

$=(4a^2+4a+1)-(4a^2-4a+1)$

$=4a^2+4a+1-4a^2+4a-1$

$=8a$

(8) $(x+1)(x+9)-(x-3)^2$

$=(x^2+10x+9)-(x^2-6x+9)$

$=x^2+10x+9-x^2+6x-9$

$=16x$

高校では $(x+1)^3$ のような，3 乗の式の展開を学びます。

5 因数分解

基本問題 13 次の式を因数分解せよ。

(1) $ax+bx$

$=x(a+b)$

(2) $4x^2-6x$

$=2x(2x-3)$

例題 9 次の式を因数分解せよ。

❶ $9x^2+12x+4$

$=(3x)^2+2\times 3x\times 2+2^2$ ($a^2\pm 2ab+b^2=(a\pm b)^2$)

$=(3x+2)^2$

❷ $4x^2-25$

$=(2x)^2-5^2$ ($a^2-b^2=(a+b)(a-b)$)

$=(2x+5)(2x-5)$

問題 14 次の式を因数分解せよ。

(1) x^2+6x+9

$=x^2+2\times x\times 3+3^2$

$=(x+3)^2$

(2) x^2-2x+1

$=x^2-2\times x\times 1+1^2$

$=(x-1)^2$

(3) $4x^2-12x+9$

$=(2x)^2-2\times 2x\times 3+3^2$

$=(2x-3)^2$

(4) $25x^2-10xy+y^2$

$=(5x)^2-2\times 5x\times y+y^2$

$=(5x-y)^2$

(5) x^2-4

$=x^2-2^2$

$=(x+2)(x-2)$

(6) $36x^2-1$

$=(6x)^2-1^2$

$=(6x+1)(6x-1)$

(7) $49x^2-25y^2$

$=(7x)^2-(5y)^2$

$=(7x+5y)(7x-5y)$

(8) $100x^2-\frac{1}{25}$

$=(10x)^2-\left(\frac{1}{5}\right)^2$

$=\left(10x+\frac{1}{5}\right)\left(10x-\frac{1}{5}\right)$

例題 10 次の式を因数分解せよ。

❶ $x^2+8x+12$

$=x^2+(2+6)x+2\times 6$ ($x^2+(a+b)x+ab=(x+a)(x+b)$)

$=(x+2)(x+6)$

❷ $3x^2-9x-30$ (共通因数でくくる)

$=3(x^2-3x-10)$ ($-3=2+(-5)$, $-10=2\times(-5)$)

$=3(x+2)(x-5)$

問題 15 次の式を因数分解せよ。

(1) x^2+5x+6

$=x^2+(2+3)x+2\times 3$

$=(x+2)(x+3)$

(2) $x^2-10x+16$

$=x^2+\{(-2)+(-8)\}x+(-2)\times(-8)$

$=(x-2)(x-8)$

(3) x^2+2x-3

$=x^2+\{3+(-1)\}x+3\times(-1)$

$=(x+3)(x-1)$

(4) $a^2-3a-10$

$=a^2+\{2+(-5)\}a+2\times(-5)$

$=(a+2)(a-5)$

(5) $a^2-ab-12b^2$

$=a^2+\{3+(-4)\}ab+3\times(-4)\times b^2$

$=(a+3b)(a-4b)$

(6) $6x^2+18x+12$

$=6(x^2+3x+2)$

$=6(x+1)(x+2)$

(7) $2x^2-18$

$=2(x^2-9)$

$=2(x+3)(x-3)$

(8) xy^2-4x

$=x(y^2-4)$

$=x(y+2)(y-2)$

高校では a^3-b^3 や a^4-b^4 のような式の因数分解も学びます。

6 平方根の計算

基本問題 16 次の □ にあてはまる数を求めよ。

(1) 25 の平方根は $\boxed{\pm 5}$ である。

(2) 3 の平方根は $\boxed{\pm\sqrt{3}}$ である。

(3) $\sqrt{16}$ を根号を含まない形で表すと $\boxed{4}$ である。

例題 11 次の計算をせよ。

❶ $\sqrt{27}\times\sqrt{3}$

$=\sqrt{27\times3}$

$=\sqrt{81}$ （$\sqrt{81}=\sqrt{9^2}$）

$=9$

〔別解〕 $\sqrt{27}\times\sqrt{3}=3\sqrt{3}\times\sqrt{3}=3\times3=9$

❷ $\sqrt{8}+\sqrt{2}$ （$\sqrt{8}=\sqrt{4}\times\sqrt{2}=2\sqrt{2}$）

$=2\sqrt{2}+\sqrt{2}$

$=(2+1)\sqrt{2}$

$=3\sqrt{2}$

問題 17 次の計算をせよ。

(1) $\sqrt{40}\times\sqrt{10}$

$=\sqrt{40\times10}$

$=\sqrt{400}$ （$\sqrt{400}=\sqrt{20^2}$）

$=20$

〔別解〕 $\sqrt{40}\times\sqrt{10}=2\sqrt{10}\times\sqrt{10}=2\times10=20$

(2) $\sqrt{6}\times\sqrt{12}$

$=\sqrt{6\times12}$

$=\sqrt{72}$

$=\sqrt{36}\times\sqrt{2}$

$=6\sqrt{2}$

〔別解〕 $\sqrt{6}\times\sqrt{12}=\sqrt{6}\times2\sqrt{3}=2\sqrt{18}=2\times3\sqrt{2}=6\sqrt{2}$

(3) $\sqrt{3}\div\sqrt{27}$

$=\dfrac{\sqrt{3}}{\sqrt{27}}$ （$\sqrt{\dfrac{3}{27}}=\sqrt{\dfrac{1}{9}}=\dfrac{\sqrt{1}}{\sqrt{9}}$）

$=\dfrac{1}{\sqrt{9}}$

$=\dfrac{1}{3}$

〔別解〕 $\sqrt{3}\div\sqrt{27}=\sqrt{3}\div3\sqrt{3}=\dfrac{\sqrt{3}}{3\sqrt{3}}=\dfrac{1}{3}$

(4) $\sqrt{24}\div\sqrt{8}\times(-\sqrt{3})$

$=-\dfrac{\sqrt{24}\times\sqrt{3}}{\sqrt{8}}$ （$\sqrt{\dfrac{24\times3}{8}}$）

$=-\sqrt{9}$

$=-3$

(5) $\sqrt{12}-\sqrt{3}$ （$\sqrt{12}=\sqrt{4}\times\sqrt{3}=2\sqrt{3}$）

$=2\sqrt{3}-\sqrt{3}$

$=(2-1)\sqrt{3}$

$=\sqrt{3}$

(6) $\sqrt{18}+\sqrt{8}$ （$\sqrt{18}=\sqrt{9}\times\sqrt{2}=3\sqrt{2}$，$\sqrt{8}=\sqrt{4}\times\sqrt{2}=2\sqrt{2}$）

$=3\sqrt{2}+2\sqrt{2}$

$=(3+2)\sqrt{2}$

$=5\sqrt{2}$

(7) $\sqrt{75}-\sqrt{50}-\sqrt{3}-\sqrt{2}$ （$\sqrt{75}=\sqrt{25}\times\sqrt{3}$，$\sqrt{50}=\sqrt{25}\times\sqrt{2}$）

$=5\sqrt{3}-5\sqrt{2}-\sqrt{3}-\sqrt{2}$

$=5\sqrt{3}-\sqrt{3}-5\sqrt{2}-\sqrt{2}$

$=4\sqrt{3}-6\sqrt{2}$

(8) $\sqrt{32}+\sqrt{3}\times\sqrt{6}$

$=\sqrt{32}+\sqrt{18}$ （$\sqrt{32}=\sqrt{16}\times\sqrt{2}$，$\sqrt{18}=\sqrt{9}\times\sqrt{2}$）

$=4\sqrt{2}+3\sqrt{2}$

$=7\sqrt{2}$

例題 12 次の問いに答えよ。

❶ $\dfrac{2\sqrt{3}}{\sqrt{2}}$ を，分母に根号を含まない形で表せ。

$\dfrac{2\sqrt{3}}{\sqrt{2}}=\dfrac{2\sqrt{3}\times\sqrt{2}}{\sqrt{2}\times\sqrt{2}}$ ← 分母・分子に $\sqrt{2}$ を掛ける

$=\dfrac{2\sqrt{6}}{2}$

$=\sqrt{6}$

❷ 次の計算をせよ。

$(\sqrt{2}+\sqrt{7})^2$ ← $(a+b)^2=a^2+2ab+b^2$

$=(\sqrt{2})^2+2\times\sqrt{2}\times\sqrt{7}+(\sqrt{7})^2$

$=2+2\sqrt{14}+7$

$=9+2\sqrt{14}$

問題 18 次の数を，分母に根号を含まない形で表せ。

(1) $\dfrac{6}{\sqrt{3}}$

$=\dfrac{6\times\sqrt{3}}{\sqrt{3}\times\sqrt{3}}$

$=\dfrac{6\sqrt{3}}{3}$

$=2\sqrt{3}$

(2) $\dfrac{2\sqrt{5}}{\sqrt{10}}$

$=\dfrac{2\sqrt{5}\times\sqrt{10}}{\sqrt{10}\times\sqrt{10}}$

$=\dfrac{2\sqrt{50}}{10}$ （$\sqrt{50}=\sqrt{25}\times\sqrt{2}$）

$=\dfrac{2\times5\sqrt{2}}{10}$

$=\sqrt{2}$

問題 19 次の計算をせよ。

(1) $\sqrt{2}(\sqrt{18}-\sqrt{6})$

$=\sqrt{2}\times\sqrt{18}-\sqrt{2}\times\sqrt{6}$

$=\sqrt{36}-\sqrt{12}$

$=6-2\sqrt{3}$

(2) $(\sqrt{5}+\sqrt{3})(\sqrt{5}-\sqrt{3})$

$=(\sqrt{5})^2-(\sqrt{3})^2$

$=5-3$

$=2$

(3) $(\sqrt{5}-\sqrt{3})^2$

$=(\sqrt{5})^2-2\times\sqrt{5}\times\sqrt{3}+(\sqrt{3})^2$

$=5-2\sqrt{15}+3$

$=8-2\sqrt{15}$

(4) $(\sqrt{3}+3)(\sqrt{3}-1)$

$=(\sqrt{3})^2+\{3+(-1)\}\sqrt{3}+3\times(-1)$

$=3+2\sqrt{3}-3$

$=2\sqrt{3}$

(5) $(\sqrt{6}+1)^2-\sqrt{24}$

$=\{(\sqrt{6})^2+2\times\sqrt{6}\times1+1^2\}-\sqrt{4\times6}$

$=(6+2\sqrt{6}+1)-2\sqrt{6}$

$=7$

(6) $(\sqrt{2}-\sqrt{3})^2+(\sqrt{2}+\sqrt{3})^2$

$=\{(\sqrt{2})^2-2\times\sqrt{2}\times\sqrt{3}+(\sqrt{3})^2\}$
$\quad+\{(\sqrt{2})^2+2\times\sqrt{2}\times\sqrt{3}+(\sqrt{3})^2\}$

$=(2-2\sqrt{6}+3)+(2+2\sqrt{6}+3)$

$=10$

高校では $\dfrac{1}{\sqrt{2}-1}$ や $\dfrac{\sqrt{3}-\sqrt{2}}{\sqrt{3}+\sqrt{2}}$ などの計算についても学びます。

7 1 次方程式

基本問題 20 次の 1 次方程式を解け。

(1) $2x=6$

$x=3$ 　（両辺を 2 で割る）

(2) $2x-4=-8$

$2x=-8+4$ 　（−4 を右辺に移項する）

$2x=-4$

$x=-2$

例題 13 次の 1 次方程式を解け。

❶ $3x-2=5x+6$

$3x-5x=6+2$ 　（x の項を左辺に，定数項を右辺にそれぞれ移項する(符号がかわる)）

$-2x=8$

$x=-4$ 　（両辺を −2 で割る）

❷ $\frac{2}{3}x=6$

両辺に 3 を掛けて

$3\times\frac{2}{3}x=3\times6$

$2x=18$

$x=9$ 　（両辺を 2 で割る）

問題 21 次の 1 次方程式を解け。

(1) $2x-3=5x+6$

$2x-5x=6+3$

$-3x=9$

$x=-3$

(2) $-2x+4=x-2$

$-2x-x=-2-4$

$-3x=-6$

$x=2$

(3) $3x-2=8x+8$

$3x-8x=8+2$

$-5x=10$

$x=-2$

(4) $-5x+3=-3x-5$

$-5x+3x=-5-3$

$-2x=-8$

$x=4$

(5) $2x-7-8x=3-x$

$2x-8x+x=3+7$

$-5x=10$

$x=-2$

(6) $1-7x-9=-5x+8+2x$

$-7x+5x-2x=8-1+9$

$-4x=16$

$x=-4$

(7) $\frac{3}{2}x=9$

両辺に 2 を掛けて

$2\times\frac{3}{2}x=2\times9$

$3x=18$

$x=6$

(8) $\frac{2}{5}x=8$

両辺に 5 を掛けて

$5\times\frac{2}{5}x=5\times8$

$2x=40$

$x=20$

例題 14 次の 1 次方程式を解け。

❶ $3(x+2)=x-2$

$3x+6=x-2$ 　（まず，かっこをはずす）

$3x-x=-2-6$ 　（次に，移項する）

$2x=-8$

$x=-4$ 　（両辺を 2 で割る）

❷ $\frac{1}{2}x+2=\frac{2}{3}$

$6\left(\frac{1}{2}x+2\right)=6\times\frac{2}{3}$ 　（両辺に 6 を掛ける（2 と 3 の最小公倍数））

$3x+12=4$ 　（かっこをはずす）

$3x=4-12$ 　（移項する）

$3x=-8$

$x=-\frac{8}{3}$ 　（両辺を 3 で割る）

問題 22 次の 1 次方程式を解け。

(1) $5x-2=2(x+2)$

$5x-2=2x+4$

$5x-2x=4+2$

$3x=6$

$x=2$

(2) $x+3(x+2)=2(x-2)$

$x+3x+6=2x-4$

$x+3x-2x=-4-6$

$2x=-10$

$x=-5$

(3) $0.1x+1.2=-0.3x+2$

両辺に 10 を掛けて

$x+12=-3x+20$

$x+3x=20-12$

$4x=8$

$x=2$

(4) $\frac{x+2}{2}=\frac{5}{4}$

両辺に 4 を掛けて

$4\times\frac{x+2}{2}=4\times\frac{5}{4}$

$2x+4=5$

$2x=5-4$

$2x=1$

$x=\frac{1}{2}$

(5) $\frac{1}{2}(x+3)=\frac{1}{4}x+1$

両辺に 4 を掛けて

$4\times\frac{1}{2}(x+3)=4\left(\frac{1}{4}x+1\right)$

$2(x+3)=x+4$

$2x+6=x+4$

$2x-x=4-6$

$x=-2$

(6) $\frac{2}{3}x-\frac{1}{2}=\frac{1}{6}x+2$

両辺に 6 を掛けて ←3，2，6 の最小公倍数は 6

$6\left(\frac{2}{3}x-\frac{1}{2}\right)=6\left(\frac{1}{6}x+2\right)$

$4x-3=x+12$

$4x-x=12+3$

$3x=15$

$x=5$

高校では　$x^3+3x^2+3x+1=0$ のような 3 次方程式についても学びます。

8 連立方程式

基本問題 23 次の連立方程式を解け。

$\begin{cases} x+y=5 & \cdots① \\ y=2x-1 & \cdots② \end{cases}$

解　②を①に代入して

$x+2x-1=5$

$3x=5+1$

$3x=6$

$x=2 \quad \cdots③$

③を②に代入して

$y=2\times2-1$

$y=3$

答　$x=2,\ y=3$

例題 15 次の連立方程式を解け。

$\begin{cases} x+y=5 & \cdots① \\ x-y=3 & \cdots② \end{cases}$

x と y の符号と係数に注目する

解　①と②を足して，y を消去する。

①＋②

$$\begin{array}{rrl} & x+y & =5 \\ +) & x-y & =3 \\ \hline & 2x & =8 \\ & x & =4 \quad \cdots③ \end{array}$$

左辺＋左辺＝右辺＋右辺

③を①に代入して

$4+y=5$

$y=5-4$

$y=1$

答　$x=4,\ y=1$

問題 24 次の連立方程式を解け。

(1) $\begin{cases} x+y=8 & \cdots① \\ x-y=2 & \cdots② \end{cases}$

解　①と②を足して，y を消去する。

①＋②

$$\begin{array}{rrl} & x+y & =8 \\ +) & x-y & =2 \\ \hline & 2x & =10 \\ & x & =5 \quad \cdots③ \end{array}$$

③を①に代入して

$5+y=8$

$y=8-5$

$y=3$

答　$x=5,\ y=3$

(2) $\begin{cases} x+y=3 & \cdots① \\ 2x+y=9 & \cdots② \end{cases}$

解　①から②を引いて，y を消去する。

①－②

$$\begin{array}{rrl} & x+y & =3 \\ -) & 2x+y & =9 \\ \hline & -x & =-6 \\ & x & =6 \quad \cdots③ \end{array}$$

③を①に代入して

$6+y=3$

$y=3-6$

$y=-3$

答　$x=6,\ y=-3$

(3) $\begin{cases} 2x-y=-3 & \cdots① \\ x-y=1 & \cdots② \end{cases}$

解　①から②を引いて，y を消去する。

①－②

$$\begin{array}{rrl} & 2x-y & =-3 \\ -) & x-y & =1 \\ \hline & x & =-4 \quad \cdots③ \end{array}$$

③を②に代入して

$-4-y=1$

$-y=1+4$

$y=-5$

答　$x=-4,\ y=-5$

(4) $\begin{cases} x-3y=-11 & \cdots① \\ x+y=-3 & \cdots② \end{cases}$

解　①から②を引いて，x を消去する。

①－②

$$\begin{array}{rrl} & x-3y & =-11 \\ -) & x+y & =-3 \\ \hline & -4y & =-8 \\ & y & =2 \quad \cdots③ \end{array}$$

③を②に代入して

$x+2=-3$

$x=-3-2$

$x=-5$

答　$x=-5,\ y=2$

例題 16 次の連立方程式を解け。

❶ $\begin{cases} x+2y=4 & \cdots① \\ 2x+y=5 & \cdots② \end{cases}$

解

$$\begin{array}{lrl} ① & x+2y & =4 \\ -)②\times2 & 4x+2y & =10 \\ \hline & -3x & =-6 \\ & x & =2 \end{array}$$

y の係数をそろえるため②の両辺を2倍する

$x=2$ を②に代入して

$2\times2+y=5$

$4+y=5$

$y=5-4=1$

答　$x=2,\ y=1$

❷ $\begin{cases} 3x+2y=5 & \cdots① \\ 4x+3y=8 & \cdots② \end{cases}$

解

$$\begin{array}{lrl} ①\times3 & 9x+6y & =15 \\ -)②\times2 & 8x+6y & =16 \\ \hline & x & =-1 \end{array}$$

y の係数をそろえるため①を3倍，②を2倍する

$x=-1$ を①に代入して

$3\times(-1)+2y=5$

$-3+2y=5$

$2y=5+3$

$2y=8 \qquad y=4$

答　$x=-1,\ y=4$

問題 25 次の連立方程式を解け。

(1) $\begin{cases} x-2y=8 & \cdots① \\ 3x+y=3 & \cdots② \end{cases}$

解

$$\begin{array}{lrl} ① & x-2y & =8 \\ +)②\times2 & 6x+2y & =6 \\ \hline & 7x & =14 \\ & x & =2 \end{array}$$

$x=2$ を②に代入して

$3\times2+y=3$

$6+y=3$

$y=3-6=-3$

答　$x=2,\ y=-3$

(2) $\begin{cases} x+3y=5 & \cdots① \\ 2x+y=5 & \cdots② \end{cases}$

解

$$\begin{array}{lrl} ①\times2 & 2x+6y & =10 \\ -)② & 2x+y & =5 \\ \hline & 5y & =5 \\ & y & =1 \end{array}$$

$y=1$ を①に代入して

$x+3\times1=5$

$x+3=5$

$x=5-3=2$

答　$x=2,\ y=1$

(3) $\begin{cases} 5x-3y=1 & \cdots① \\ 3x-2y=-1 & \cdots② \end{cases}$

解

$$\begin{array}{lrl} ①\times2 & 10x-6y & =2 \\ -)②\times3 & 9x-6y & =-3 \\ \hline & x & =5 \end{array}$$

$x=5$ を②に代入して

$3\times5-2y=-1$

$15-2y=-1$

$-2y=-1-15$

$-2y=-16$

$y=8$

答　$x=5,\ y=8$

(4) $\begin{cases} 5x+6y=1 & \cdots① \\ -3x-4y=1 & \cdots② \end{cases}$

解

$$\begin{array}{lrl} ①\times2 & 10x+12y & =2 \\ +)②\times3 & -9x-12y & =3 \\ \hline & x & =5 \end{array}$$

$x=5$ を①に代入して

$5\times5+6y=1$

$25+6y=1$

$6y=1-25$

$6y=-24$

$y=-4$

答　$x=5,\ y=-4$

高校では $\begin{cases} x^2+y^2=5 \\ y=2x+1 \end{cases}$ のような連立方程式についても学びます。

9 2次方程式

基本問題 26 次の2次方程式を解け。

(1) $x^2=5$

$\boldsymbol{x=\pm\sqrt{5}}$

(2) $x(x+3)=0$

$x=0,\ x+3=0$

よって　$\boldsymbol{x=0,\ x=-3}$

例題 17 次の2次方程式を解け。

❶ $x^2-5x+6=0$

解　$(x-3)(x-2)=0$　（$x^2+(a+b)x+ab=(x+a)(x+b)$）

$x-3=0,\ x-2=0$

よって　$\boldsymbol{x=3,\ x=2}$

❷ $3x^2-6x+1=0$

解　解の公式より

$$x=\frac{-(-6)\pm\sqrt{(-6)^2-4\times3\times1}}{2\times3}$$

$$=\frac{6\pm\sqrt{36-12}}{6}=\frac{6\pm\sqrt{24}}{6}$$

$$=\frac{6\pm2\sqrt{6}}{6}=\frac{3\pm\sqrt{6}}{3}$$

分母，分子を2で割る

問題 27 次の2次方程式を解け。

(1) $3x^2-5x=0$

$x(3x-5)=0$

$x=0,\ 3x-5=0$

$x=0,\ 3x=5$

よって　$\boldsymbol{x=0,\ x=\frac{5}{3}}$

(2) $x^2-5x+4=0$

$(x-4)(x-1)=0$

$x-4=0,\ x-1=0$

よって　$\boldsymbol{x=4,\ x=1}$

(3) $x^2-2x-15=0$

$(x-5)(x+3)=0$

$x-5=0,\ x+3=0$

よって　$\boldsymbol{x=5,\ x=-3}$

(4) $x^2-16=0$

$(x+4)(x-4)=0$

$x+4=0,\ x-4=0$

よって　$\boldsymbol{x=-4,\ x=4}$

(5) $9x^2-6x+1=0$

$(3x-1)^2=0$

$3x-1=0$

$3x=1$

$\boldsymbol{x=\frac{1}{3}}$

(6) $x^2+7x+5=0$

解の公式より

$$x=\frac{-7\pm\sqrt{7^2-4\times1\times5}}{2\times1}$$

$$=\frac{-7\pm\sqrt{49-20}}{2}$$

$$=\boldsymbol{\frac{-7\pm\sqrt{29}}{2}}$$

(7) $2x^2-5x-1=0$

解の公式より

$$x=\frac{-(-5)\pm\sqrt{(-5)^2-4\times2\times(-1)}}{2\times2}$$

$$=\frac{5\pm\sqrt{25+8}}{4}$$

$$=\boldsymbol{\frac{5\pm\sqrt{33}}{4}}$$

(8) $x^2+4x-2=0$

解の公式より

$$x=\frac{-4\pm\sqrt{4^2-4\times1\times(-2)}}{2\times1}$$

$$=\frac{-4\pm\sqrt{16+8}}{2}$$

$$=\frac{-4\pm\sqrt{24}}{2}$$

$$=\frac{-4\pm2\sqrt{6}}{2}$$

$$=\boldsymbol{-2\pm\sqrt{6}}$$

約分する

例題 18 次の問いに答えよ。

❶ 2次方程式 $\frac{1}{4}x^2+\frac{1}{2}x-\frac{3}{4}=0$ を解け。

解　2次方程式の両辺に4を掛けて

$4\left(\frac{1}{4}x^2+\frac{1}{2}x-\frac{3}{4}\right)=4\times0$

$x^2+2x-3=0$

$(x+3)(x-1)=0$

$x+3=0,\ x-1=0$

よって　$\boldsymbol{x=-3,\ x=1}$　答

❷ 2次方程式 $x^2+3x+a=0$ の解の1つが1であるとき，a の値と他の解を求めよ。

解　$x=1$ を代入して

$1^2+3\times1+a=0$

$1+3+a=0$

$\boldsymbol{a=-4}$　答

$a=-4$ より，2次方程式は

$x^2+3x-4=0$

$(x+4)(x-1)=0$

$x=-4,\ x=1$

よって，他の解は　$\boldsymbol{x=-4}$　答

問題 28 次の2次方程式を解け。

(1) $\frac{1}{3}x^2-\frac{5}{3}x-2=0$

$3\left(\frac{1}{3}x^2-\frac{5}{3}x-2\right)=0$

$x^2-5x-6=0$

$(x-6)(x+1)=0$

よって　$\boldsymbol{x=6,\ x=-1}$

(2) $\frac{1}{6}x^2-\frac{1}{2}x+\frac{1}{3}=0$

$6\left(\frac{1}{6}x^2-\frac{1}{2}x+\frac{1}{3}\right)=0$

$x^2-3x+2=0$

$(x-1)(x-2)=0$

よって　$\boldsymbol{x=1,\ x=2}$

(3) $\frac{1}{2}x^2-2=0$

$2\left(\frac{1}{2}x^2-2\right)=0$

$x^2-4=0$

$(x+2)(x-2)=0$

よって　$\boldsymbol{x=-2,\ x=2}$

(4) $\frac{2}{3}x^2-x=0$

$3\left(\frac{2}{3}x^2-x\right)=0$

$2x^2-3x=0$

$x(2x-3)=0$

よって　$\boldsymbol{x=0,\ x=\frac{3}{2}}$

問題 29 2次方程式 $x^2+ax-5=0$ の解の1つが -1 であるとき，a の値と他の解を求めよ。

解　$x=-1$ を代入して

$(-1)^2+a\times(-1)-5=0$

$1-a-5=0$

$\boldsymbol{a=-4}$　答

$a=-4$ より，2次方程式は

$x^2-4x-5=0$

$(x+1)(x-5)=0$

$x=-1,\ x=5$

よって，他の解は

$\boldsymbol{x=5}$　答

高校では　3次方程式や4次方程式などの解法についても学びます。

10 1次関数

基本問題 30 1次関数 $y=2x+3$ について，次の問いに答えよ。

(1) x の値に対する関数の値 y を対応表にまとめよ。

x	-3	-2	-1	0	1	2	3
y	-3	-1	1	3	5	7	9

(2) この関数のグラフの傾きと切片を求めよ。

解　傾き 2，切片 3

(3) この関数のグラフをかけ。

解

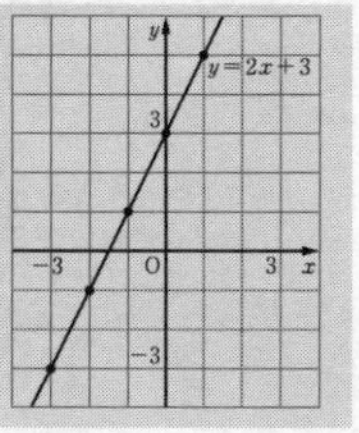

例題 19 1次関数 $y=x+2$ について，次の問いに答えよ。

❶ この関数のグラフの傾きと切片を求め，グラフをかけ。

解　**傾き 1，切片 2**

1次関数 $y=ax+b$ の傾きは a，切片は b である

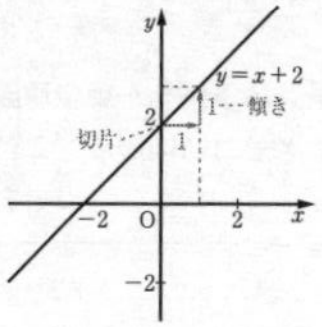

❷ この関数のグラフと x 軸との交点の座標を求めよ。

解　$y=x+2$ に $\underset{x軸}{\underline{y=0}}$ を代入して

$0=x+2$

$x=-2$　　答 $(-2,\ 0)$

❸ この関数のグラフと y 軸との交点の座標を求めよ。

解　$y=x+2$ に $\underset{y軸}{\underline{x=0}}$ を代入して

$y=0+2$

$y=2$　　答 $(0,\ 2)$

問題 31 次の1次関数のグラフをかき，x 軸，y 軸との交点の座標を求めよ。

(1) $y=2x-3$

解　傾き 2，切片 -3

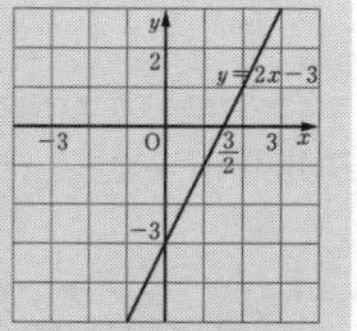

$y=2x-3$ に $y=0$ を代入して

$0=2x-3$

$x=\dfrac{3}{2}$　　x 軸との交点は$\left(\dfrac{3}{2},\ 0\right)$ 答

$y=2x-3$ に $x=0$ を代入して

$y=0-3$

$y=-3$　　y 軸との交点は$(0,\ -3)$ 答

(2) $y=-x+2$

解　傾き -1，切片 2

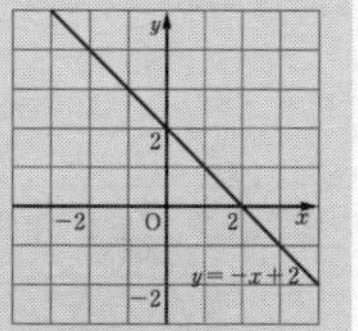

$y=-x+2$ に $y=0$ を代入して

$0=-x+2$

$x=2$　　x 軸との交点は$(2,\ 0)$ 答

$y=-x+2$ に $x=0$ を代入して

$y=0+2$

$y=2$　　y 軸との交点は$(0,\ 2)$ 答

例題 20 次の条件を満たす直線の式を求めよ。

❶ 傾きが 2 で，点$(1,\ 4)$を通る直線

解　傾き 2 より，求める直線の式を $y=2x+b$ とおく。　←傾き a の直線の式は $y=ax+b$ と表せる

これが点$(1,\ 4)$を通るから，$x=1$，$y=4$ を式へ代入して

$4=2\times1+b$

$b=2$

よって，求める直線の式は　$\boldsymbol{y=2x+2}$ 答

❷ 2点$(1,\ 1)$，$(3,\ 5)$を通る直線

解　求める直線の式を $y=ax+b$ とおく。

これが点$(1,\ 1)$を通るから，

$x=1$，$y=1$ を式へ代入して

$1=a+b$　…①

また，点$(3,\ 5)$を通るから，

$x=3$，$y=5$ を式へ代入して

$5=3a+b$　…②

②−①より　$2a=4$　　$\begin{array}{r} 5=3a+b \\ -)\ 1=\ a+b \\ \hline 4=2a \end{array}$

$a=2$

$a=2$ を①へ代入して

$2+b=1$

$b=-1$

よって，求める直線の式は　$\boldsymbol{y=2x-1}$ 答

問題 32 次の条件を満たす直線の式を求めよ。

(1) 傾きが -1 で，点$(2,\ -5)$を通る直線

解　傾き -1 より，求める直線の式を $y=-x+b$ とおく。

これが点$(2,\ -5)$を通るから，$x=2$，$y=-5$ を式へ代入して

$-5=-2+b$

$b=-3$

よって，求める直線の式は　$\boldsymbol{y=-x-3}$ 答

(2) 2点$(1,\ -5)$，$(3,\ -1)$を通る直線

解　求める直線の式を $y=ax+b$ とおく。

これが点$(1,\ -5)$を通るから，$x=1$，$y=-5$ を式へ代入して

$a+b=-5$　…①

また，点$(3,\ -1)$を通るから，$x=3$，$y=-1$ を式へ代入して

$3a+b=-1$　…②

②−①より　$2a=4$　　$\begin{array}{r} 3a+b=-1 \\ -)\ a+b=-5 \\ \hline 2a\quad=4 \end{array}$

$a=2$

$a=2$ を①へ代入して　$2+b=-5$

$b=-7$

よって，求める直線の式は　$\boldsymbol{y=2x-7}$ 答

高校では　傾き m で，点$(x_1,\ y_1)$を通る直線の式が $\boldsymbol{y-y_1=m(x-x_1)}$ で表されることを学びます。

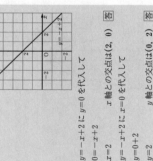

11 関数 $y=ax^2$

基本問題 33 関数 $y=x^2$ について，次の問いに答えよ。

(1) x の値に対する関数の値 y を対応表にまとめよ。

x	-3	-2	-1	0	1	2	3
y	9	4	1	0	1	4	9

(2) この関数のグラフを右の図にかけ。

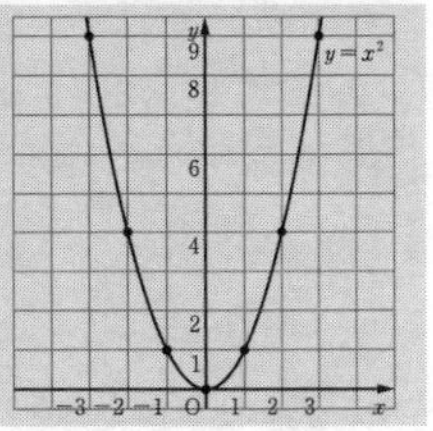

例題 21 関数 $y=-x^2$ について，次の問いに答えよ。

❶ x の値に対する関数の値 y を対応表にまとめよ。

x	-3	-2	-1	$-\frac{1}{2}$	0	$\frac{1}{2}$	1	2	3
y	-9	-4	-1	$-\frac{1}{4}$	0	$-\frac{1}{4}$	-1	-4	-9

❷ $y=-16$ のときの x の値を求めよ。

解 $-16=-x^2$ ← $y=-16$ を代入

$x^2=16$

$x=\pm\sqrt{16}$

$\boldsymbol{x=\pm4}$

❸ この関数のグラフをかけ。

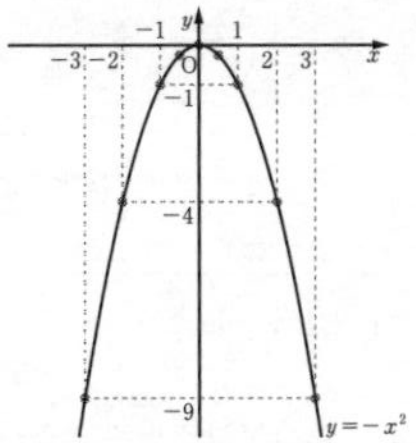

問題 34 次の問いに答えよ。

(1) 関数 $y=2x^2$ について，次の問いに答えよ。

① x の値に対する関数の値 y を対応表にまとめよ。

x	-3	-2	-1	$-\frac{1}{2}$	0	$\frac{1}{2}$	1	2	3
y	18	8	2	$\frac{1}{2}$	0	$\frac{1}{2}$	2	8	18

② $y=50$ のときの x の値を求めよ。

解 $50=2x^2$

$x^2=25$ $\quad x=\pm5$

③ この関数のグラフをかけ。

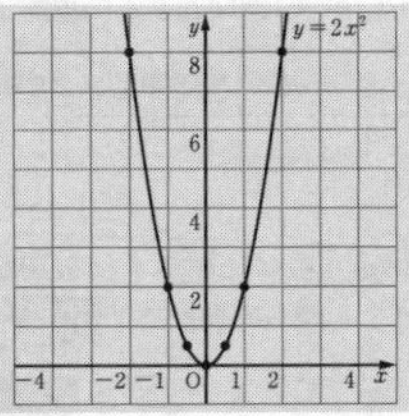

(2) 関数 $y=\frac{1}{2}x^2$ について，次の問いに答えよ。

① x の値に対する関数の値 y を対応表にまとめよ。

x	-3	-2	-1	$-\frac{1}{2}$	0	$\frac{1}{2}$	1	2	3
y	$\frac{9}{2}$	2	$\frac{1}{2}$	$\frac{1}{8}$	0	$\frac{1}{8}$	$\frac{1}{2}$	2	$\frac{9}{2}$

② $y=8$ のときの x の値を求めよ。

解 $8=\frac{1}{2}x^2$

$x^2=16$ $\quad x=\pm4$

③ この関数のグラフをかけ。

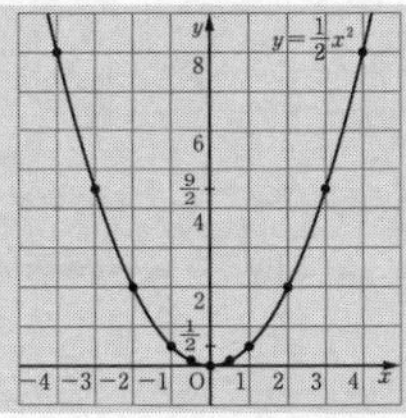

例題 22 次の問いに答えよ。

❶ $x=2$ のとき $y=8$ であるような関数 $y=ax^2$ を求めよ。

解 $y=ax^2$ に $x=2$，$y=8$ を代入する。

$8=a\times2^2$

$8=4a$

$a=2$

$a=2$ を $y=ax^2$ に代入して

$\boldsymbol{y=2x^2}$

❷ 関数 $y=x^2$ のグラフをかき，x の値が -1 から 2 まで変化するときの y の値の範囲を求めよ。

解

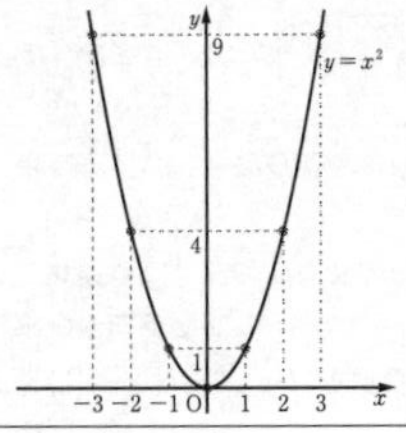

$y=x^2$ のグラフは左の図のようになる。

$x=-1$ のとき $\quad y=(-1)^2=1$

$x=2$ のとき $\quad y=2^2=4$

また，$x=0$ のとき $\quad y=0$

よって，y の値の範囲は $\quad \boldsymbol{0\leqq y\leqq4}$

x の値の範囲を x の変域，
y の値の範囲を y の変域という。

問題 35 次の問いに答えよ。

(1) $x=1$ のとき $y=-2$ であるような関数 $y=ax^2$ を求めよ。

解 $y=ax^2$ に $x=1$，$y=-2$ を代入する。

$-2=a\times1^2$

$a=-2$

$a=-2$ を $y=ax^2$ に代入して

$\boldsymbol{y=-2x^2}$

(2) $x=2$ のとき $y=2$ であるような関数 $y=ax^2$ を求めよ。

解 $y=ax^2$ に $x=2$，$y=2$ を代入する。

$2=a\times2^2$

$2=4a$

$a=\frac{1}{2}$

$a=\frac{1}{2}$ を $y=ax^2$ に代入して

$\boldsymbol{y=\frac{1}{2}x^2}$

(3) $y=-2x^2$ のグラフをかき，x の値が -2 から 1 まで変化するときの y の値の範囲を求めよ。

解

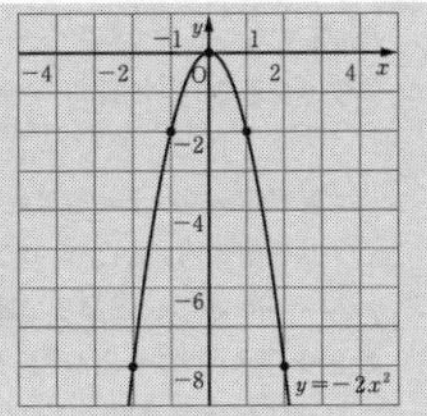

$y=-2x^2$ のグラフは左の図のようになる。

$x=-2$ のとき $\quad y=-2\times(-2)^2$

$=-8$

$x=1$ のとき $\quad y=-2\times1^2$

$=-2$

また，$x=0$ のとき $\quad y=0$

よって，y の値の範囲は

$\boldsymbol{-8\leqq y\leqq0}$

高校では $y=x^2+2x+3$ のような２次関数のグラフについて学びます。

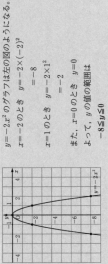

12 三角形の性質

基本問題 36 右の図の三角形で，次のものを求めよ。

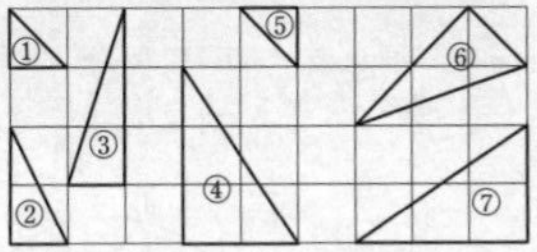

(1) 合同な三角形　　①と⑤，④と⑦

(2) 相似な三角形　　②と⑥

例題 23 右の図において，x の値を求めよ。ただし，BC∥DE とする。

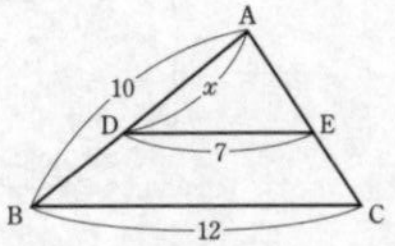

解　BC∥DE より

AD：DE＝AB：BC なので

$x：7＝10：12$　（$10：12＝5：6$）

$x：7＝5：6$　（$a：b＝m：n$ ならば $an＝bm$）

$x×6＝7×5$

$6x＝35$　　$x=\dfrac{35}{6}$

問題 37 次の図において，x の値を求めよ。

(1)

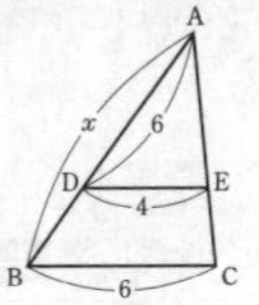

BC∥DE

解　$x：6＝6：4$

$x：6＝3：2$

$x×2＝6×3$

$2x＝18$

$x＝9$

(2)

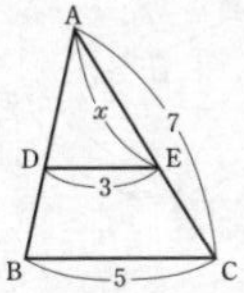

BC∥DE

解　$x：3＝7：5$

$x×5＝3×7$

$5x＝21$

$x=\dfrac{21}{5}$

(3)

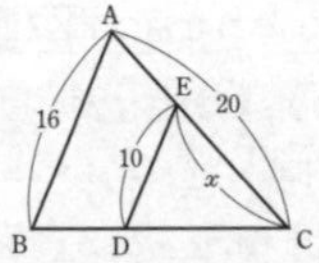

AB∥ED

解　$x：10＝20：16$

$x：10＝5：4$

$x×4＝10×5$

$4x＝50$

$x=\dfrac{50}{4}=\dfrac{25}{2}$

(4)

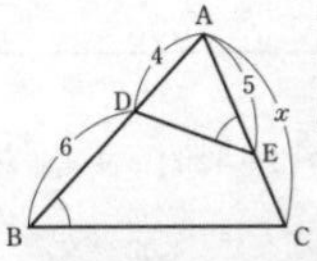

∠ABC＝∠AED

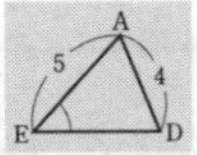

解　△ABC ∽ △AED なので

$(4+6)：x＝5：4$

$10：x＝5：4$

$10×4＝x×5$

$5x＝40$

$x＝8$

例題 24 右の図において，x，y の値を求めよ。ただし，BC∥DE とする。

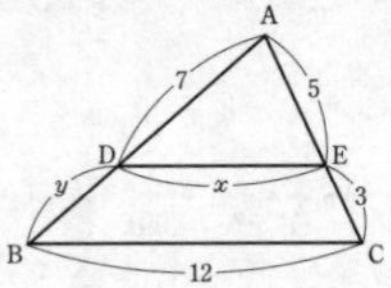

解　BC∥DE より

AE：DE＝AC：BC なので

$5：x＝(5+3)：12$

$5：x＝8：12$　（$8：12＝2：3$）

$5：x＝2：3$

$2x＝15$　　$x=\dfrac{15}{2}$

また，AD：DB＝AE：EC なので

$7：y＝5：3$

$5y＝21$　　$y=\dfrac{21}{5}$

答　$x=\dfrac{15}{2}$，$y=\dfrac{21}{5}$

問題 38 次の図において，x，y の値を求めよ。

(1)

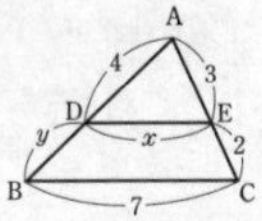

BC∥DE

解　$3：x＝(3+2)：7$

$5x＝21$

$x=\dfrac{21}{5}$

$4：y＝3：2$

$3y＝8$

$y=\dfrac{8}{3}$

答　$x=\dfrac{21}{5}$，$y=\dfrac{8}{3}$

(2)

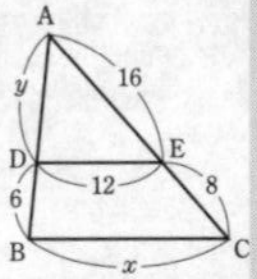

BC∥DE

解　$16：12＝(16+8)：x$

$4：3＝24：x$

$4x＝72$

$x＝18$

$y：6＝16：8$

$y：6＝2：1$

$y＝12$

答　$x＝18$，$y＝12$

(3)

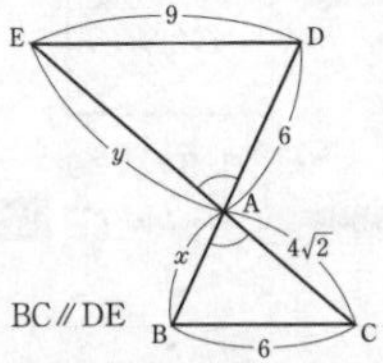

BC∥DE

解　$6：x＝9：6$

$6：x＝3：2$

$3x＝12$

$x＝4$

$9：y＝6：4\sqrt{2}$

$6y＝36\sqrt{2}$

$y＝6\sqrt{2}$

答　$x＝4$，$y＝6\sqrt{2}$

(4)

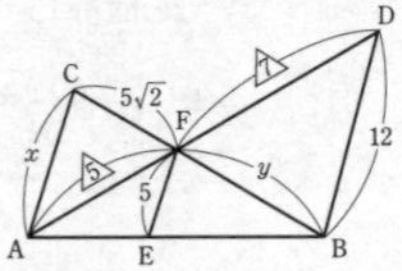

AC∥EF∥BD

解　AF：AD＝5：12

より，AF：FD＝5：7

$x：12＝5：7$

$7x＝60$

$x=\dfrac{60}{7}$

$5\sqrt{2}：y＝5：7$

$5y＝35\sqrt{2}$

$y＝7\sqrt{2}$

答　$x=\dfrac{60}{7}$，$y＝7\sqrt{2}$

高校では　直角三角形の辺の比を「サイン」，「コサイン」，「タンジェント」とよび，これについて学びます。

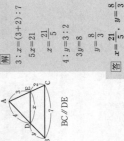

13 円の性質

基本問題 39 次の半円や扇形の周の長さと面積を求めよ。ただし，O は円の中心とする。

(1) 半径 4 cm の半円

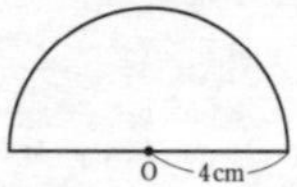

解 $2\times\pi\times4\times\frac{1}{2}+4\times2=4\pi+8\,(\text{cm})$

$\pi\times4^2\times\frac{1}{2}=8\pi\,(\text{cm}^2)$

答 周の長さは **$4\pi+8$ cm**，面積は **8π cm^2**

(2) 半径 6 cm，中心角 60°の扇形

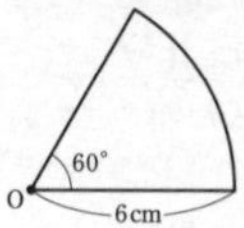

解

$2\times\pi\times6\times\frac{60°}{360°}$

$+6\times2$

$=2\pi+12\,(\text{cm})$

$\pi\times6^2\times\frac{60°}{360°}=6\pi\,(\text{cm}^2)$

答 周の長さは **$2\pi+12$ cm**，面積は **6π cm^2**

例題 25 右の円 O について，x，y の大きさを求めよ。

解 ∠ACB と∠APB は，ともに $\overset{\frown}{AB}$ に対する円周角なので等しい。

よって　$x=42°$

また，∠AOB は，$\overset{\frown}{AB}$ に対する中心角なので

$y=2\angle ACB=2\times42°=84°$

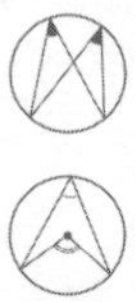

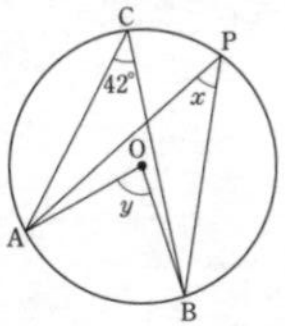

問題 40 次の円 O について，x，y の大きさを求めよ。

(1)

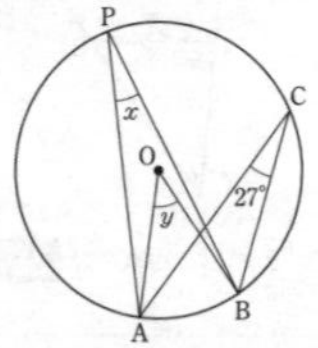

解 $x=27°$

$y=2\times27°=54°$

(2)

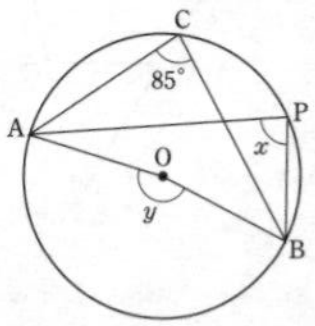

解 $x=85°$

$y=2\times85°=170°$

(3) AB は円 O の直径

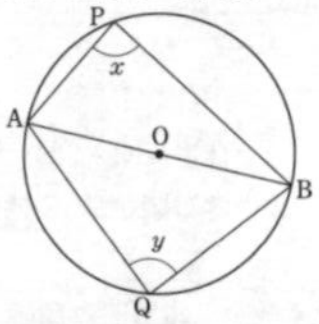

解 半円の弧に対する円周角は 90°なので

$x=90°$，$y=90°$

(4)

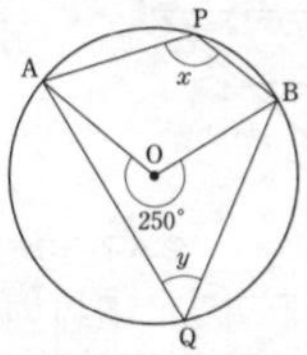

解 $x=\frac{1}{2}\times250°=125°$

$360°-250°=110°$

$y=\frac{1}{2}\times110°=55°$

例題 26 右の図について，斜線部分の周の長さと面積を求めよ。

正方形 ABCD

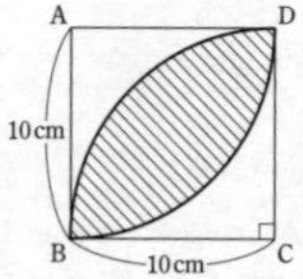

解 下の図のように，求める部分を 2 分割して考える。

求める図形の周の長さは

$(\text{弧 BD})\times2=2\times\pi\times10\times\frac{1}{4}\times2=10\pi\,(\text{cm})$

2 分割した斜線部分の面積は

(扇形の面積)－△BCD

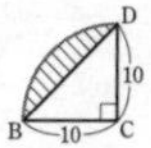

$=\pi\times10^2\times\frac{1}{4}-\frac{1}{2}\times10^2$

$=25\pi-50$

したがって，求める図形の面積は

$2\times(25\pi-50)=50\pi-100\,(\text{cm}^2)$

答 周の長さは **10π cm**，面積は **$50\pi-100$ cm^2**

問題 41 次の図について，斜線部分の周の長さと面積を求めよ。

(1) 正方形 ABCD

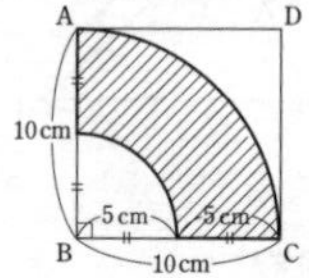

解 周の長さは

$2\times\pi\times10\times\frac{1}{4}+2\times\pi\times5\times\frac{1}{4}+5\times2$

$=5\pi+\frac{5}{2}\pi+10=\frac{15}{2}\pi+10\,(\text{cm})$

また，面積は

$\pi\times10^2\times\frac{1}{4}-\pi\times5^2\times\frac{1}{4}=\frac{\pi}{4}(100-25)$

$=\frac{75}{4}\pi\,(\text{cm}^2)$

答 周の長さは **$\frac{15}{2}\pi+10$ cm**，面積は **$\frac{75}{4}\pi$ cm^2**

(2) 正方形 ABCD

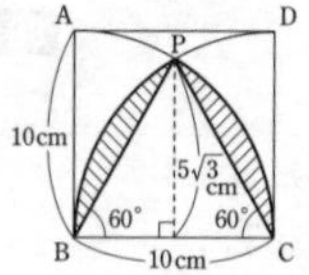

解 周の長さは

$2\times\pi\times10\times\frac{60°}{360°}\times2+\underline{10\times2}$ （PB=PC=10(cm)）

$=\frac{20}{3}\pi+20\,(\text{cm})$

また，面積は

$\left(\pi\times10^2\times\frac{60°}{360°}-\frac{1}{2}\times10\times5\sqrt{3}\right)\times2$

$=\left(\frac{100}{6}\pi-25\sqrt{3}\right)\times2$

$=\frac{100}{3}\pi-50\sqrt{3}\,(\text{cm}^2)$

答 周の長さは **$\frac{20}{3}\pi+20$ cm**，面積は **$\frac{100}{3}\pi-50\sqrt{3}$ cm^2**

高校では 原点を中心とする半径 r の円の式が $x^2+y^2=r^2$ で表されることを学びます。

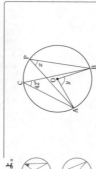

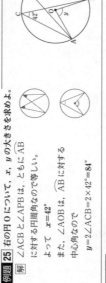

14 三平方の定理，面積・体積

基本問題 42 次の図で，x の値を求めよ。

(1)

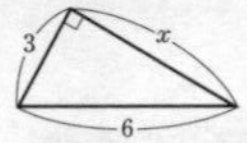

解 $3^2+x^2=6^2$

$x^2=36-9=27$

$x>0$ より

$\boldsymbol{x=\sqrt{27}=3\sqrt{3}}$

(2)

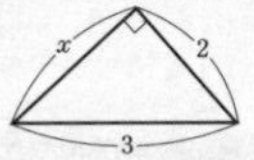

解 $2^2+x^2=3^2$

$x^2=9-4=5$

$x>0$ より

$\boldsymbol{x=\sqrt{5}}$

(3)

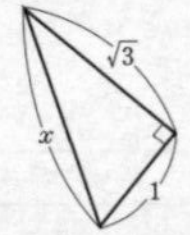

解 $1^2+(\sqrt{3})^2=x^2$

$1+3=x^2$

$x^2=4$

$x>0$ より　$\boldsymbol{x=2}$

例題 27 右の円Oで，x の値を求めよ。ただし，APは円Oの接線とする。

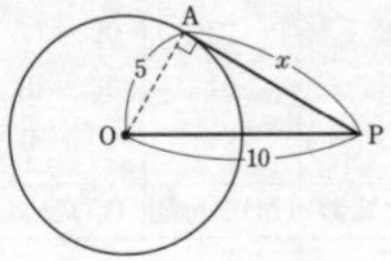

解 APは円Oの接線であるので，OA⊥AP

直角三角形OAPで，三平方の定理より

$10^2=5^2+x^2$　（$100=25+x^2$）

$x^2=100-25=75$

$x>0$ より　$\boldsymbol{x=\sqrt{75}=5\sqrt{3}}$

問題 43 次の図で，x の値を求めよ。

(1) 長方形ABCD

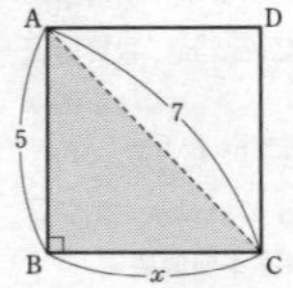

解 $5^2+x^2=7^2$

$x^2=49-25=24$

$x>0$ より　$\boldsymbol{x=\sqrt{24}=2\sqrt{6}}$

(2) ABは円Oの弦

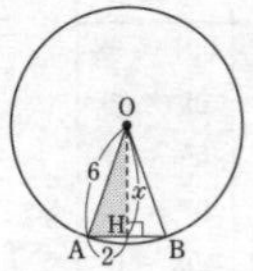

解 $2^2+x^2=6^2$

$x^2=36-4=32$

$x>0$ より　$\boldsymbol{x=\sqrt{32}=4\sqrt{2}}$

(3) APは円Oの接線

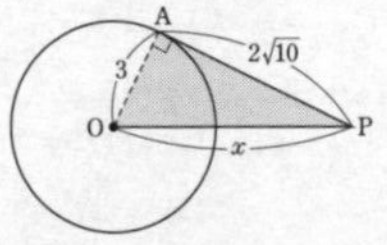

解 $x^2=3^2+(2\sqrt{10})^2$

$x^2=9+40$

$x^2=49$

$x>0$ より　$\boldsymbol{x=7}$

(4) 台形ABCD

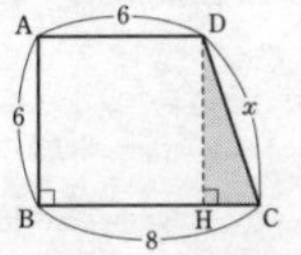

解 CH=8−6=2，DH=6

よって　$x^2=2^2+6^2$

$x^2=4+36$

$x^2=40$

$x>0$ より　$\boldsymbol{x=\sqrt{40}=2\sqrt{10}}$

例題 28 右の円錐《すい》について，その体積と表面積を求めよ。

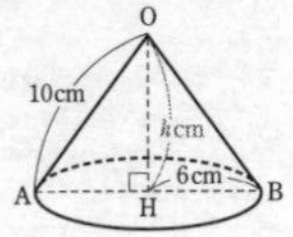

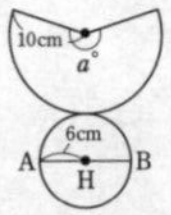

解 円錐の高さを h cm とおくと，△OAHについて

$10^2=6^2+h^2$

$h^2=100-36=64$　　$h>0$ より　$h=8$

したがって，円錐の体積は　$\frac{1}{3}\times\pi\times6^2\times8=96\pi\,(\mathrm{cm}^3)$

また，右の円錐の展開図より

側面となる扇形の弧の長さは，底面の円周の長さに等しいので，

扇形の中心角を $a°$ とすると

$2\times\pi\times10\times\frac{a}{360}=2\times\pi\times6$　から　$a=36\times6=216$

円錐の表面積は（側面の面積）+（底面の面積）なので

$\pi\times10^2\times\frac{216}{360}+\pi\times6^2=60\pi+36\pi=96\pi\,(\mathrm{cm}^2)$

答 **円錐の体積は $96\pi\,\mathrm{cm}^3$，表面積は $96\pi\,\mathrm{cm}^2$**

問題 44 右の正四角錐について，次のものを求めよ。

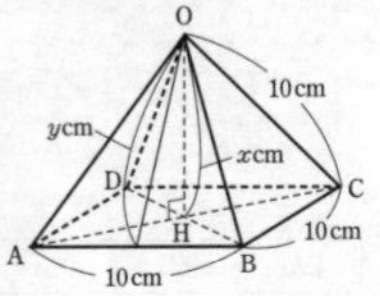

(1) x と y の値

解 $AH=5\sqrt{2}$ より　$x^2=10^2-(5\sqrt{2})^2=100-50=50$

$x>0$ より　$x=\sqrt{50}=5\sqrt{2}$

また　$y^2=10^2-5^2=100-25=75$

$y>0$ より　$y=\sqrt{75}=5\sqrt{3}$　答 $\boldsymbol{x=5\sqrt{2}}$ **(cm)**，$\boldsymbol{y=5\sqrt{3}}$ **(cm)**

(2) 表面積

解 $\frac{1}{2}\times10\times5\sqrt{3}\times4+10^2$

$\boldsymbol{=100\sqrt{3}+100\,(\mathrm{cm}^2)}$

(3) 体積

解 $\frac{1}{3}\times10^2\times5\sqrt{2}$

$\boldsymbol{=\frac{500}{3}\sqrt{2}\,(\mathrm{cm}^3)}$

問題 45 右の円錐について，次のものを求めよ。

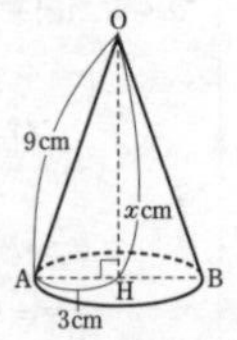

(1) x の値

解 $x^2=9^2-3^2=81-9=72$

$x>0$ より　$\boldsymbol{x=\sqrt{72}=6\sqrt{2}}$ **(cm)**

(2) 体積

解 $\frac{1}{3}\times\pi\times3^2\times6\sqrt{2}=\boldsymbol{18\sqrt{2}\pi\,(\mathrm{cm}^3)}$

(3) 表面積

解 右の展開図で，$2\times\pi\times3=2\times\pi\times9\times\frac{a}{360}$

$a=120$

$\pi\times3^2+\pi\times9^2\times\frac{120}{360}$

$=9\pi+27\pi$

$\boldsymbol{=36\pi\,(\mathrm{cm}^2)}$

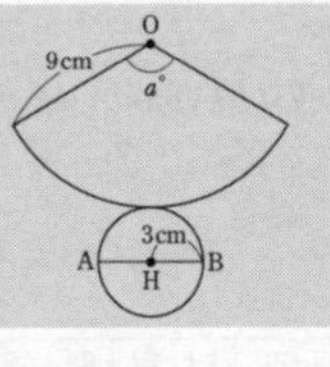

高校では　三角形の3つの辺の長さと，3つの角の大きさの関係について学びます。

15 代表値と四分位数

基本問題 46 次の表は，生徒 10 人の(1)国語，(2)数学のテストの点数である。平均値，中央値および最頻値をそれぞれ求めよ。

(1) 5, 6, 7, 7, 2, 6, 3, 6, 7, 7

解 平均値は
(5+6+7+7+2+6+3+6+7+7)÷10=**5.6 (点)**
データを小さい順に並べると
2, 3, 5, 6, 6, ⋮ 6, 7, 7, 7, 7
よって，中央値は **6 (点)**
最頻値は **7 (点)**

(2) 4, 9, 6, 3, 10, 1, 8, 5, 8, 2

解 平均値は
(4+9+6+3+10+1+8+5+8+2)÷10=**5.6 (点)**
データを小さい順に並べると
1, 2, 3, 4, 5, ⋮ 6, 8, 8, 9, 10
よって，中央値は **5.5 (点)**
最頻値は **8 (点)**

例題 29 **右の表は，生徒 40 人について，国語のテストの得点を度数分布表で示したものである。得点の平均値と最頻値を求め，中央値が入っている階級を求めよ。**

階級(点)	階級値(点)	度数(人)
0以上 ～ 20未満	10	3
20 ～ 40	30	7
40 ～ 60	50	11
60 ～ 80	70	12
80 ～ 100	90	7
計		40

解 右の表から，テストの平均値は
(10×3+30×7+50×11+70×12+90×7)÷40
=56.5 (点)
最頻値は，度数が最も多い 12 人の階級値 70 (点)
中央値は，小さい方から20 番目と 21 番目の得点が入っている階級で，「40 点以上 60 点未満」である。

答 **平均値 56.5 点，最頻値 70 点，40 点以上 60 点未満の階級**に中央値が入っている。

問題 47 右の表は，生徒 41 人について，数学のテストの得点を度数分布表で示したものである。

階級(点)	階級値(点)	度数(人)
0以上 ～ 10未満	5	1
10 ～ 20	15	2
20 ～ 30	25	3
30 ～ 40	35	2
40 ～ 50	45	2
50 ～ 60	55	4
60 ～ 70	65	9
70 ～ 80	75	11
80 ～ 90	85	4
90 ～ 100	95	3
計		41

(1) 得点の平均値を求めよ。(小数第 1 位まで)

解 (5×1+15×2+25×3+35×2+45×2+55×4
+65×9+75×11+85×4+95×3)÷41=$61.5\overset{6}{8}\cdots$
平均値は **61.6 (点)**

(2) 得点の中央値が入っている階級を求めよ。

解 41 人の中央は小さい方から 21 番目で，階級値 5 から 55 までのデータの数は 1+2+3+2+2+4=14 で，階級値 65 の度数が 9 より，**60 点以上 70 点未満の階級**

(3) 得点の最頻値を求めよ。

解 度数が最も大きい階級値は 75 なので，最頻値は **75 (点)**

例題 30 **右の表は，生徒 8 人について，数学のテストの得点を示したものである。**

生徒	A	B	C	D	E	F	G	H
得点 (点)	61	65	72	63	75	55	71	82

❶ データを小さい順に並べ，最大値・最小値を求めよ。

解 55, 61, 63, 65, 71, 72, 75, 82
よって，**最大値 82 点**　**最小値 55 点**

❷ このデータの中央値（第 2 四分位数）Q_2 を求めよ。

解 ❶で並べたデータの小さい方から 4 番目と 5 番目の値の平均値が中央値 Q_2 だから
$Q_2=\frac{65+71}{2}=\frac{136}{2}=$**68 (点)**

❸ このデータの第 1 四分位数 Q_1 と第 3 四分位数 Q_3 を求めよ。

解 ❶で並べたデータの前半 4 個のデータ「55, 61, 63, 65」の中央値が Q_1 だから 61 と 63 の平均値を求めて
$Q_1=\frac{61+63}{2}=\frac{124}{2}=$**62 (点)**

❶で並べたデータの後半 4 個のデータ「71, 72, 75, 82」の中央値が Q_3 だから 72 と 75 の平均値を求めて
$Q_3=\frac{72+75}{2}=\frac{147}{2}=$**73.5 (点)**

❹ 箱ひげ図をかけ。

解 ❶,❷,❸から，最小値 55，$Q_1=62$，$Q_2=68$，$Q_3=73.5$，最大値 82 だから，これを図にとって

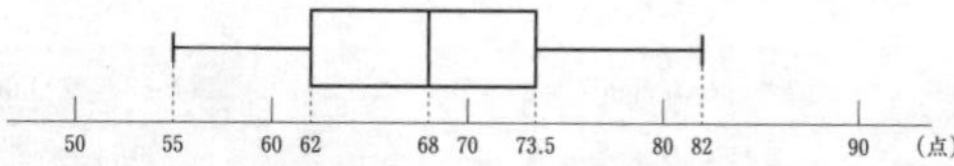

問題 48 次の表は，大相撲のある場所の三役力士 9 人について，体重を示したものである。

力士	小結 A	小結 B	関脇 C	関脇 D	大関 E	大関 F	大関 G	横綱 H	横綱 I
体重(kg)	147	183	175	170	161	161	155	120	173

(1) データを小さい順に並べ，最大値・最小値を求めよ。

解 120, 147, 155, 161, 161, 170, 173, 175, 183
よって，**最大値 183 kg**　**最小値 120 kg**

(2) このデータの中央値（第 2 四分位数）Q_2 を求めよ。

解 (1)で並べたデータの小さい方から 5 番目の値が中央値 Q_2 だから
$Q_2=$**161 (kg)**

(3) このデータの第 1 四分位数 Q_1 と第 3 四分位数 Q_3 を求めよ。

解 (1)で並べたデータの前半 4 個のデータ「120, 147, 155, 161」の中央値が Q_1 だから，147 と 155 の平均値を求めて
$Q_1=\frac{147+155}{2}=\frac{302}{2}=$**151 (kg)**

(1)で並べたデータの後半 4 個のデータ「170, 173, 175, 183」の中央値が Q_3 だから，173 と 175 の平均値を求めて
$Q_3=\frac{173+175}{2}=\frac{348}{2}=$**174 (kg)**

(4) 箱ひげ図をかけ。

解

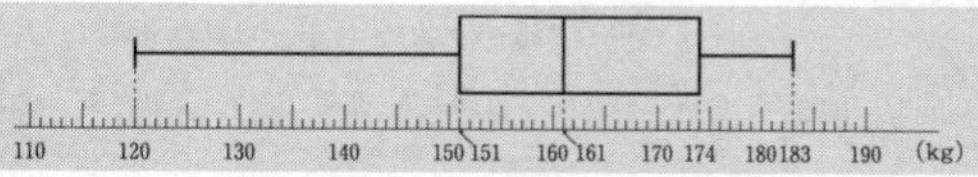

高校では　平均値を基準にして散らばりのようすを表すことを学びます。

ファイナルラウンド

1 次の計算をせよ。また，問いに答えよ。

□1. $15-20=-5$

□2. $(-7)\times5=-(7\times5)=-35$

□3. $24\div(-3)=-(24\div3)=-8$

□4. $(-10)\times(-3)\times(-7)$
$=-(10\times3\times7)$
$=-210$

□5. $(-3)^2\times(-4)^2$
$=(-3)\times(-3)\times(-4)\times(-4)$
$=9\times16=144$

□6. $\frac{4}{7}\times\frac{3}{5}=\frac{4\times3}{7\times5}=\frac{12}{35}$

□7. $\frac{2}{5}\div\frac{9}{10}=\frac{2}{5}\times\frac{10}{9}=\frac{4}{9}$

□8. $7.21-2.65=4.56$

$$\begin{array}{r} 7.21 \\ -\ 2.65 \\ \hline 4.56 \end{array}$$

□9. $x\div3-y\times2$ を，×，÷の記号を使わずに表せ。
$\frac{x}{3}-2y$

□10. $a^2\times a^5=(a\times a)\times(a\times a\times a\times a\times a)$
$=a^7$

□11. $(x^3)^2=x^3\times x^3$
$=(x\times x\times x)\times(x\times x\times x)=x^6$

□12. $(xy^2)^3=xy^2\times xy^2\times xy^2$
$=x^3y^6$

□13. $5a-7a=(5-7)a=-2a$

□14. $2x^2+4x-1+3x-3x^2$
$=2x^2-3x^2+4x+3x-1$
$=-x^2+7x-1$

□15. $2(3x+5)=2\times3x+2\times5$
$=6x+10$

□16. $(x+3)(x-6)$
$=x^2+(3-6)x+3\times(-6)$
$=x^2-3x-18$

□17. $a=-3$ のとき，$3a(a+1)$の値を求めよ。
$3\times(-3)\times(-3+1)$
$=3\times(-3)\times(-2)=18$

□18. 5の平方根をいえ。
$\sqrt{5}$，$-\sqrt{5}$

□19. $\sqrt{3}\times\sqrt{7}=\sqrt{3\times7}=\sqrt{21}$

□20. $\frac{\sqrt{15}}{\sqrt{3}}$ を，分母に根号を含まない形で表せ。
$\frac{\sqrt{15}}{\sqrt{3}}=\sqrt{\frac{15}{3}}=\sqrt{5}$

□21. $\sqrt{45}$ を $a\sqrt{b}$ の形にせよ。
$\sqrt{45}=\sqrt{9\times5}$
$=\sqrt{9}\times\sqrt{5}=3\sqrt{5}$

□22. mx^2+5my を因数分解せよ。
$mx^2+5my=m(x^2+5y)$

□23. $x^2-6xy+9y^2$ を因数分解せよ。
$x^2-6xy+9y^2$
$=x^2-2\times x\times3y+(3y)^2$
$=(x-3y)^2$

□24. a^2-4 を因数分解せよ。
$a^2-4=a^2-2^2$
$=(a+2)(a-2)$

□25. x^2+3x+2 を因数分解せよ。
x^2+3x+2
$=x^2+(2+1)x+2\times1$
$=(x+2)(x+1)$

2 次の方程式を解け。

□26. $2x=10$
$x=\frac{10}{2}$
$x=5$

□27. $5x-3=3x+9$
$5x-3x=9+3$
$2x=12$
$x=6$

□28. $2x-1+6x=7-3x$
$11x=8$
$x=\frac{8}{11}$

□29. $\frac{4}{3}x=28$
両辺に3を掛けて
$3\times\frac{4}{3}x=3\times28$
$4x=84$
$x=21$

□30. $\frac{1}{2}(x+9)=-\frac{2}{5}x$
両辺に10を掛けて
$10\times\frac{1}{2}(x+9)=10\times\left(-\frac{2}{5}x\right)$
$5(x+9)=-4x$
$5x+45=-4x$
$9x=-45$
$x=-5$

□31. $\begin{cases} x+y=4 & \cdots① \\ y=x+2 & \cdots② \end{cases}$
②を①へ代入する。
$x+(x+2)=4$
$2x=2$
$x=1$ …③
③を②へ代入する。
$y=1+2=3$　　$x=1$，$y=3$

□32. $\begin{cases} x+y=8 & \cdots① \\ x-y=2 & \cdots② \end{cases}$
①＋②

$$\begin{array}{rl} & x+y=8 \\ +) & x-y=2 \\ \hline & 2x\ \ \ \ =10 \end{array}$$

$x=5$ …③
③を①へ代入する。
$5+y=8$
$y=3$　　$x=5$，$y=3$

□33. $x^2-x-12=0$
$x^2+\{3+(-4)\}x+3\times(-4)=0$
$(x+3)(x-4)=0$
$x+3=0$，$x-4=0$　　$x=-3$，$x=4$

□34. $x^2+3x+1=0$
解の公式より
$x=\frac{-3\pm\sqrt{3^2-4\times1\times1}}{2\times1}$
$=\frac{-3\pm\sqrt{9-4}}{2}$
$=\frac{-3\pm\sqrt{5}}{2}$

□35. $2x^2+5x-2=0$
解の公式より
$x=\frac{-5\pm\sqrt{5^2-4\times2\times(-2)}}{2\times2}$
$=\frac{-5\pm\sqrt{25+16}}{4}$
$=\frac{-5\pm\sqrt{41}}{4}$

□**36.** $x^2-6x-1=0$

解の公式より

$$x=\frac{-(-6)\pm\sqrt{(-6)^2-4\times1\times(-1)}}{2\times1}$$

$$=\frac{6\pm\sqrt{36+4}}{2}$$

$$=\frac{6\pm\sqrt{40}}{2}$$

$$=\frac{6\pm2\sqrt{10}}{2}$$

$$=\mathbf{3\pm\sqrt{10}}$$

3 次の問いに答えよ。

□**37.** 1次関数 $y=2x+5$ について，$x=3$ のときの関数の値 y を求めよ。

$x=3$ を代入すると　$y=2\times3+5=11$

よって，求める値は **11**

□**38.** 1次関数 $y=3x$ のグラフの傾きを求めよ。

$y=3x$ のグラフの傾きは **3**

□**39.** 1次関数 $y=2x$ で，x が -1 から 2 まで変化するとき y の値の範囲を求めよ。

$x=-1$ のとき　$y=2\times(-1)=-2$

$x=2$ のとき　$y=2\times2=4$

よって，y の値の範囲は　$\mathbf{-2\leqq y\leqq4}$

□**40.** $x=2$ のとき $y=4$ であるような関数 $y=ax^2$ を求めよ。

$x=2$，$y=4$ を代入して　$4=a\times2^2$

$4=4a$

$a=1$

よって　$\mathbf{y=x^2}$

□**41.** 関数 $y=2x^2$ で，x が -1 から 3 まで変化するとき y の値の範囲を求めよ。

$y=2x^2$ のグラフは p.22 問題 34(1)③から，

$x=-1$ のとき　$y=2\times(-1)^2=2$

$x=3$ のとき　$y=2\times3^2=18$

また，$x=0$ のとき　$y=0$

よって，y の値の範囲は　$\mathbf{0\leqq y\leqq18}$

□**42.** 右の図の x の大きさを求めよ。

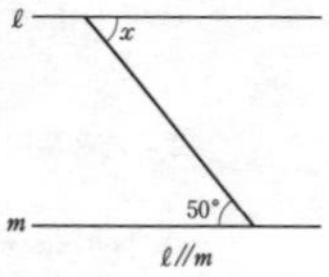

$\mathbf{x=50°}$

□**43.** 右の図の x の大きさを求めよ。

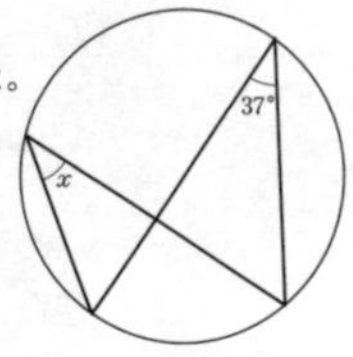

$\mathbf{x=37°}$

□**44.** 右の図の x の大きさを求めよ。

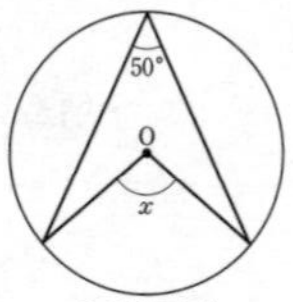

Oは円の中心

$x=2\times50°$

$\mathbf{x=100°}$

□**45.** 右の図の x の値を求めよ。

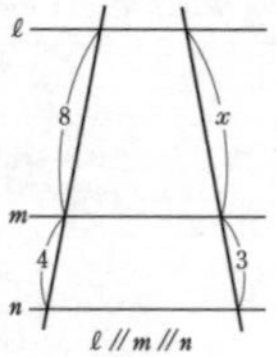

$8:4=x:3$

$4x=24$

$\mathbf{x=6}$

□**46.** 右の図の x の値を求めよ。

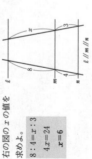

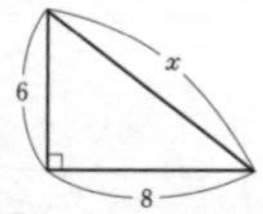

$x^2=6^2+8^2$

$=36+64$

$=100$

$x>0$ より　$\mathbf{x=10}$

□**47.** 右の半円の面積を求めよ。

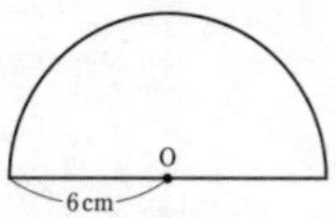

Oは円の中心

$\pi\times6^2\times\frac{1}{2}$

$=18\pi$

$\mathbf{18\pi\ cm^2}$

□**48.** 47 の図において，半円の弧の長さを求めよ。

$2\times\pi\times6\times\frac{1}{2}=6\pi$

$\mathbf{6\pi\ cm}$

□**49.** 右の円柱の体積を求めよ。

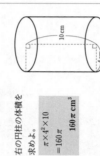

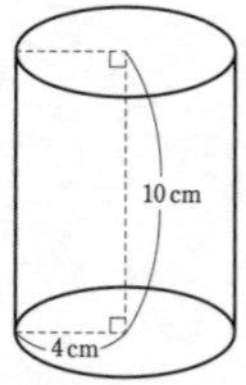

$\pi\times4^2\times10$

$=160\pi$

$\mathbf{160\pi\ cm^3}$

□**50.** 右の円錐《すい》の体積を求めよ。

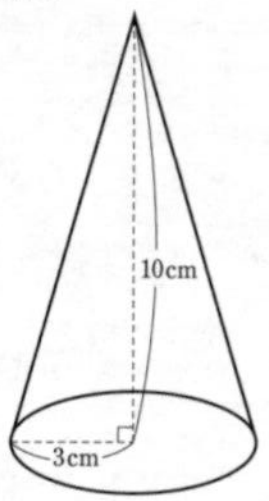

$\frac{1}{3}\times\pi\times3^2\times10$

$=30\pi$

$\mathbf{30\pi\ cm^3}$

□**51.** 次の表の数値の平均値，中央値，最頻値を求めよ。

(1) 3 4 7 8 8

平均値　$(3+4+7+8+8)\div5=$**6**

中央値　**7**，最頻値　**8**

(2) 3 4 7 8 8 9

平均値　$(3+4+7+8+8+9)\div6=$**6.5**

中央値　$(7+8)\div2=$**7.5**

最頻値　**8**

□**52.** 次の表は，生徒20人について，数学のテストの得点を度数分布表で示したものである。得点の平均値を求めよ。
(小数第1位まで)

階級(点)	階級値(点)	度数(人)
以上 未満 0 ～ 10	5	0
10 ～ 20	15	0
20 ～ 30	25	0
30 ～ 40	35	0
40 ～ 50	45	4
50 ～ 60	55	2
60 ～ 70	65	6
70 ～ 80	75	3
80 ～ 90	85	3
90 ～ 100	95	2
計		20

$(45\times4+55\times2+65\times6$
$+75\times3+85\times3+95\times2)\div20$
$=67.5$

よって，平均値は　**67.5 (点)**

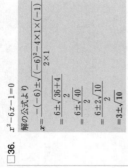

□**53.** 次の表は，生徒 9 人について，数学のテストの得点を示したものである。

生徒	A	B	C	D	E	F	G	H	I
得点（点）	61	65	72	63	75	55	71	82	66

(1) データを小さい順に並べ，最大値・最小値を求めよ。

55，61，63，65，66，71，72，75，82
よって，**最大値 82 点**　**最小値 55 点**

(2) このデータの中央値（第 2 四分位数）Q_2 を求めよ。

(1)で並べたデータの小さい方から 5 番目の値が中央値 Q_2 だから

$$Q_2 = \mathbf{66}\ (点)$$

(3) このデータの第 1 四分位数 Q_1 と第 3 四分位数 Q_3 を求めよ。

(1)で並べたデータの前半 4 個のデータ「55，61，63，65」の中央値 Q_1 だから

$$Q_1 = \frac{61+63}{2} = \mathbf{62}\ (点)$$

(1)で並べたデータの後半 4 個のデータ「71，72，75，82」の中央値 Q_3 だから

$$Q_3 = \frac{72+75}{2} = \mathbf{73.5}\ (点)$$

(4) 箱ひげ図をかけ。

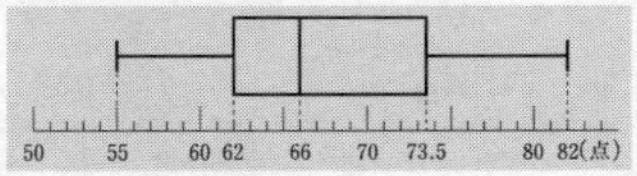